"十四五"时期国家重点出版物出版专项规划项目

奶牛热应激生理调节
规律探究及预警模型构建

周梦婷　南雪梅　熊本海　等

中国农业科学技术出版社

图书在版编目(CIP)数据

奶牛热应激生理调节规律探究及预警模型构建 / 周梦婷等著. -- 北京：中国农业科学技术出版社，2023.11
ISBN 978-7-5116-6542-3

Ⅰ.①奶… Ⅱ.①周… Ⅲ.①乳牛-生理学-研究 Ⅳ.①S823.911

中国国家版本馆 CIP 数据核字(2023)第 217179 号

责任编辑　朱　绯
责任校对　贾若妍　李向荣
责任印制　姜义伟　王思文

出 版 者	中国农业科学技术出版社
	北京市中关村南大街 12 号　邮编：100081
电　　话	(010) 82109707（编辑室）　(010) 82106624（发行部）
	(010) 82109709（读者服务部）
网　　址	https://castp.caas.cn
经 销 者	各地新华书店
印 刷 者	北京建宏印刷有限公司
开　　本	160 mm×230 mm　1/16
印　　张	10.75
字　　数	187 千字
版　　次	2023 年 11 月第 1 版　2023 年 11 月第 1 次印刷
定　　价	60.00 元

◆◆◆ 版权所有·翻印必究 ◆◆◆

《奶牛热应激生理调节规律探究及预警模型构建》
编 委 会

研究组组长： 周梦婷

研究组副组长： 南雪梅　熊本海

参与人员（排名不分先后）：

　　　　唐湘方　郑姗姗　杨　亮

　　　　罗清尧　王　辉　陈睿鹏

　　　　雷凯栋　张　帆　崔巧华

　　　　胡秀贞

前言

气候变化是当今人类面临的重大挑战之一,已成为农业生产的重大全球性问题。根据2018年联合国气候变化委员会的报告,如果全球温室效应以现有速度发展,预计在2030—2052年,全球气温将升高1.5℃。对于体型较大、产奶潜力高的荷斯坦奶牛来说,气候变暖会加剧它们的热应激。近年来,随着奶牛业规模化、集约化养殖的迅速发展,热应激已经成为影响奶牛健康、福利与生产性能的重要因素之一。在高密度的设施环境中风险因子增加,导致奶牛的健康水平下降、繁殖性能降低、可利用年限明显降低等突出问题,严重制约奶业的整体效益与健康可持续发展。因此,全面了解奶牛在不同环境条件下的调节机制,从而建立准确的热应激评价体系来实时评估奶牛的热生理状况,并对热应激进行早期预警与干预尤为重要,也是牧场环境控制的前提,是实施健康养殖的保护伞。

本项研究以准确预测评估奶牛热应激为目标,通过呼吸代谢气候舱试验,全面探究了不同温度、湿度、风速对奶牛生理(呼吸速率、体表温度、核心温度、心率等)、生产性能(日产奶量、乳蛋白率、乳脂率、日粮摄入量等)、行为(躺卧、反刍时间、饮水量等)、产散热(代谢产热、呼吸散热、体表潜热、体表显热、牛体蒸发水量等)的影响规律,并开发了奶牛产热的稳态模型和热生理调节的动态预警模型,主要研究成果已发表在本领域国际权威学术期刊上,为此将项目研究成果汇集成《奶牛热应激生理调节规律探究及预警模型构建》一书,以供读者系统了解参考。

本书共由9个章节组成。第1章简要综述了奶牛热应激的研究现状,包括生理响应、散热机制等，提出目前存在的研究缺口；第 2 至第 6 章是本书的核心部分，首先，在呼吸代谢气候舱内，我们设计了不同温度、湿度、风速环境，在控制单一变量的情况下，探究各环境因子对奶牛生理、生产、产热、散热等的影响规律，主要研究结果在 *Journal of Dairy Science* 发表。其次，基于试验数据，更新了奶牛的动态热生理调节模型，基于此探究了不同降温措施的效果，主要研究结果在 *Biosystems Engineering* 发表。第 7 章主要是对前 6 章结果的讨论、总结和展望。第 8 章则基于目前快速发展的传感器和数据分析技术，讨论了如何在牧场中应用精准畜牧技术，有效监测、预防和减缓奶牛热应激的发生。第 9 章是从基因层面综述了热应激的分子调控过程，主要是从转录和翻译组学角度提供热应激诱导的整体基因图谱，从而更系统深入地了解奶牛生理变化机制。

未来深入拓展的研究方向主要包括：在实际牧场中验证本项目在半实验室条件下发现的结果；进一步研究乳脂和乳蛋白校正奶产量的潜在延迟反应；设计和开发一种精确测量出汗率的设备；使用不同的降温干预措施进行动物试验，以验证本项目中的模型对降温方法预测的准确性。

本书因涉及的研究时间不长，有些研究结果还需进一步验证，如有不足之处，希望读者批评指正，以进一步优化我们的研究路线和方法，为未来开展深入的研究提供参考。

目录

第1章 奶牛热应激概述	1
1.1 奶牛热应激	1
1.2 奶牛散热机制	3
1.3 环境热响应	4
1.4 预测奶牛热响应的模型	5
1.5 亟待解决的关键环节	5
参考文献	6
第2章 热应激对奶牛生理及生产性能的影响	10
2.1 引言	10
2.2 材料与方法	11
2.3 研究结果	18
2.4 讨论	23
2.5 小结	29
参考文献	29
第3章 热应激对奶牛体表、呼吸散热量的影响	35
3.1 引言	35
3.2 材料和方法	36
3.3 研究结果	42
3.4 讨论	48
3.5 小结	53
参考文献	53

附录 ·· 57

第4章 呼吸代谢气候舱中奶牛的水分蒸发损失 ·········· 60
4.1 引言 ·· 60
4.2 材料与方法 ·· 61
4.3 研究结果 ·· 65
4.4 讨论 ·· 69
4.5 小结 ·· 71
参考文献 ·· 71

第5章 空气温度对奶牛产热、心率和氧脉搏的影响 ····· 75
5.1 引言 ·· 75
5.2 材料和方法 ·· 76
5.3 研究结果 ·· 81
5.4 讨论 ·· 85
5.5 小结 ·· 90
参考文献 ·· 90
附录 ·· 95

第6章 预测奶牛热生理反应的温度调节模型开发和评估 ····· 97
6.1 引言 ·· 97
6.2 材料和方法 ·· 98
6.3 研究结果 ·· 105
6.4 讨论 ·· 112
6.5 小结 ·· 116
参考文献 ·· 116

第7章 讨论、结论及展望 ·· 121
7.1 引言 ·· 121
7.2 什么时候会发生热应激？ ······································ 123
7.3 现有降温措施及其局限性 ······································ 126
7.4 展望 ·· 129
参考文献 ·· 130

第8章 应用 PLF 技术评估和应对奶牛热应激 ············ 132
8.1 引言 ·· 132
8.2 动物相关的热应激指标 ·· 133

8.3 小结 ··· 137
参考文献 ··· 137
第 9 章　奶牛热应激调控机理科普：转录和翻译组学应答 ············· 143
9.1 引言 ··· 143
9.2 乳腺/乳腺上皮细胞 ·· 144
9.3 肝脏 ··· 148
9.4 血液 ··· 150
9.5 其他器官 ·· 152
9.6 小结 ··· 153
参考文献 ··· 153

第1章

奶牛热应激概述

1.1 奶牛热应激

在过去的几十年里，人们对动物福利和健康的关注越来越多（Polsky 和 von Keyserlingk，2017）。奶牛的热应激是一个重要而具有挑战性的问题，因为它影响现代集约化养殖系统中奶牛的健康、福利和生产性能。Kadzere 等（2002）认为，奶牛的热应激与所有与高温有关的环境负荷有关，这些负荷诱导从细胞到整个动物水平的反应，以帮助奶牛避免生理功能障碍。在本节的最后定义了热应激在本章中的含义。更高的产奶量导致现代奶牛开始经历热应激的环境温度更低，因为更高的产奶量导致更高的代谢产热（Ravagnolo 等，2000）。据预测，气候变化将导致地球表面温度在 2030—2052 年上升 1.5℃（IPCC，2018），这可能会使奶牛的热应激情况更加严重，包括对奶牛福利、健康、生产和繁殖的所有随之而来的负面影响，甚至导致死亡率上升。

奶牛是一种恒温反刍动物，这意味着其身体核心温度应保持在 37.8~39.2℃ 的较窄范围内（Yan 等，2021b）。当暴露在超过其生物热舒适、中性区阈值的空气温度下时，奶牛通过改变生理行为等响应来维持其热平衡。

为了评估奶牛的热状态，一般采用图 1-1 中 Mount（1979）提出的热调节的概念。在温度区 AD 内，奶牛可以保持其身体核心温度恒定。在 A 点的左侧，当空气温度进一步降低时，奶牛进入低体温阶段；在 D 点的

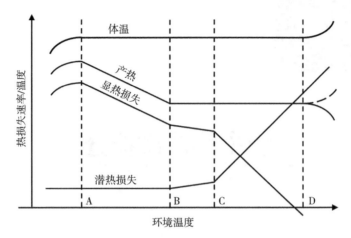

图 1-1　恒温动物热调节的一般概念示意图（改编自 Mount，1979）
A：高峰代谢温度和初始体温过低；B：热舒适区的低临界温度；C：热舒适区的高临界温度；D：热中性区的高临界温度；BC：热舒适区（最小热调节行为）；BD：热中性区（最小代谢率）；AD：热调节范围。

右侧，当空气温度进一步升高时，奶牛进入高体温阶段。AD 区分为 AB 区和 BD 区，在 AB 区内，随着环境温度的降低，奶牛显热损失增加，通过调节产热（主要是寒战）来保持体温恒定。BD 区定义为热中性区，其中代谢率最小且恒定，不受环境温度影响。热中性区以 B 点和 D 点的低、高临界温度为界。BC 区被称为热舒适区，奶牛在该区域感觉最舒适，通过调节身体热阻可以很容易地保持热平衡（Berman，2004）。热舒适区的温度范围因体型大小、牛的品种、生长阶段、饲料和饮水量等而异（Kadzere 等，2002）。当环境温度从 C 上升到 D 时，奶牛会通过大幅增加呼吸和出汗频率来努力散热。当超过最高临界温度 D 时，短期内产热增加，因为奶牛必须做很多努力（例如喘气、出汗）来散热。如果高温持续较长时间，奶牛会通过降低采食量来减少产热。当奶牛在长时间内无法平衡热量损失和产热时，体温将上升，最终达到致命水平，奶牛将死于热应激（Norman 等，2012）。

"应激"一词定义为暴露在不利环境条件下的生物反应（Selye，1950）。目前文献中对奶牛热应激的描述或定义大多是模糊的；在本章的研究中，我们将"热应激"定义为奶牛脱离热舒适区（图 1-1 中 C 点以上）的状态，并且必须激活适应机制来维持热平衡。

1.2 奶牛散热机制

为了维持热平衡，新陈代谢（维持、运动、生长、哺乳、妊娠、饲料消化等）产生的热量必须等于散失到环境中的热量（Fournel 等，2017a）。奶牛通过对流、辐射、传导和蒸发等方式散热（Wang 等，2018）。图1-2所示为室内站立奶牛与周围环境的热交换过程，该过程受空气温度、相对湿度、风速等气候因素以及环境中物体（地板、屋顶等）温度的影响。在一定的环境温度下，热量主要以显热的形式（对流、辐射和传导）流失，每一种能量传递过程都受到特定温度的影响：对流传递受空气温度的影响；辐射传递受周围环境的平均辐射温度的影响；传导传递与动物皮肤接触的物体的表面温度有关（Mount，1979）。随着环境温度的升高，如图1-1所示，当环境温度升高到 C 点以上时，显热的散热方式显著转变为潜热（水蒸发）损失（Maia 等，2005a）。潜热传递主要发生在动物的两个部位：呼吸道和皮肤表面。在温暖的条件下，呼吸速率增加（肺部水分蒸发）和出汗率增加（皮肤水分蒸发）是动物表现出的两种对热环境的主要自主反应（Gebremedhin 等，2008）。

Maia 等（2005b）发现奶牛呼吸潜热损失随着环境温度的升高而增加。空气的高湿度可能会降低通过呼吸的水蒸发热损失能力，降低蒸发冷却的潜力（Berman，2006）。奶牛具有较高的排汗能力（Mount，1979），在现代的高产品种中，排汗过程对帮助奶牛保持热量平衡至关重要。在高环境温度下，出汗潜热损失可占总潜热损失的88%（Santos 等，2017）。

然而，通过皮肤表面损耗的潜热可能受到实际环境蒸发速率的限制（Berman，2009；Foroushani 和 Amon，2022），这意味着并非所有产生的汗水都被蒸发用于散热。在实际生产中，牛舍里通常通过安装风机来增加奶牛周围的空气流动速度来增加高温时期的对流散热。然而，在环境温度较高的情况下，高速风可能会减少其效果，因为此时空气和皮肤之间的温差较小（Spiers 等，2018）。在这种情况下，只有当环境空气的潜在蒸发率低于奶牛的实际出汗率时，较高的空气速度才能有效地提高蒸发率。因此，更好地理解不同环境条件下显热损失和潜热损失之间的转换将有助于有效地采取降温措施。

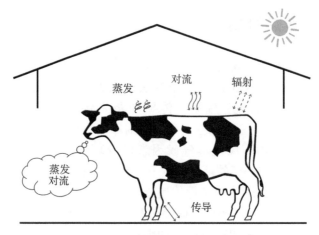

图 1-2 奶牛散热机制示意图

1.3 环境热响应

在热中性区,像奶牛这样的恒温动物可以平衡产热与散热(Mount,1979)。在热舒适区,调节散热所需的能量是最小的(主要是血管伸缩)。当环境温度超过热舒适区临界值,奶牛必须启动额外的反应(生理和行为),以耗散自身产生的热量。大量研究表明,当奶牛暴露在高温环境中时,它们的呼吸频率、皮肤温度、心率和直肠温度都会升高(Li 等,2020;Pinto 等,2020;Yan 等,2021b)。由于呼吸是在温暖条件下散热的有效方式,呼吸频率的增加是增加蒸发散热首要反应之一(Silanikove,2000)。同时,皮肤温度趋于进一步升高,这是由于血管舒张(皮肤表面下的外周血管增大)导致的,这促进了从身体核心到皮肤表面的热量传递(McArthur,1987)。当奶牛不能将产生的热量全部散发出去时,体温就会上升。据报道,当直肠温度超过39℃并持续超过16h,产奶量会显著下降,直肠温度每升高 0.55℃,产奶量就会下降 1.8kg(West 等,2003)。然而,关于奶牛开始表现出热应激症状的环境温度的研究很少,因为这些温度受不同因素的影响,包括相对湿度和风速等。

1.4 预测奶牛热响应的模型

为了更好地了解动物的热响应过程，并在炎热的气候条件下适当地采用降温策略，建立奶牛的热平衡模型非常重要。热生理反应的模拟需要对两个关键部分进行详细建模：奶牛的温度调节模型和处理从奶牛到其环境的热和质量传递的散热模型。

在过去的几十年里，已经开发了一些数学模型来计算奶牛的热损失（McArthur，1987；Ehrlemark 和 Sällvik，1996）。这些年来，这些模型和方程从单一方程扩展到广泛的方程，导致复杂性极大地增加。McGovern 和 Bruce（2000a）的模型是一个稳态能量模型，由 153 个元素组成，描述了热环境、动物特征，以及通过身体组织、体表层的热传递分布、向周围空气的热传递、呼吸道的热损失以及体温的最终变化速率。Berman（2005）随后对该模型进行了调整，以使其适用于荷斯坦奶牛。Gebremedhin 和 Wu（2001）开发了一种结合传热和传质的机制模型，以预测不同程度的皮肤湿润度和皮毛特性的蒸发和对流热损失。该模型模拟了在牛舍中应用降温系统以避免热应激时的热损失变化。Thompson 等（2014）开发了一个动态热交换模型，该模型能够计算出牛体核心温度对某些气候因素（如空气温度、蒸气压、太阳辐射和空气速度）的响应变化。Li 等（2021）通过考虑动物躺卧时奶牛与地面之间的传导传热对模型进行了改进。然而，对于现有的模型，如上所述，对奶牛生理反应的描述是几十年前开发的，且缺乏验证。因此，亟须使用现代奶牛的最新数据全面更新生理反应的建模，以实现更准确的预测。

1.5 亟待解决的关键环节

目前，奶牛热应激研究仍存在一些亟待解决的关键环节，并将在本书接下来的章节中展开研究和讨论。

（1）在受控环境条件下，针对不同相对湿度和风速水平与环境温度升高的组合对奶牛生理反应的影响，目前尚未进行过多的研究。迄今为止，奶牛对各种环境条件组合的反应顺序尚未确定；图 1-1 所示的临界温度（C 点和 D 点）尚未确定在不同相对湿度或风速水平下的具体值。

（2）关于在各种环境条件下每个单独成分（显热、潜热；皮肤散热、呼吸散热）对总散热量的绝对贡献的信息很少。在环境温度、相对湿度和空气速度的影响下，奶牛是如何通过显热和潜热途径、通过呼吸和从皮肤表面散热的？

（3）关于奶牛长时间（例如24h）蒸发水分损失的信息不足。目前可用的数据包括各种误差来源：测量小样本区域的出汗速率来代表总的出汗速率，而不同皮肤区域的出汗速率可能不同；短时间内（10min到2h不等）测量的出汗速率来代表每日的出汗速率，而奶牛存在循环出汗模式；称重系统通常被用作测量出汗速率的黄金标准方法，但该方法忽略了奶牛呼吸的气体交换，而这可能占体重变化的重要比例。

（4）目前的热调节模型大多基于热带地区奶牛的数据以及数十年前的数据开发而来。缺乏一种更新的动态模型，能够预测在各种环境条件下现代高产奶牛的热生理反应和热状态。此外，缺乏有关在不同气候地区应用不同降温方法的效果和局限性的研究。

本书的总体目标是更好地了解奶牛对各种热环境的反应，并开发一种可以准确预测奶牛热应激早期迹象的工具。为了实现这些目标，在奶牛呼吸代谢气候舱中设计并进行了一项试验，以研究奶牛如何调整其生理反应，从热舒适区（图1-1，B点到C点）到热中性区（图1-1，C点到D点），直到高温区域的变化（图1-1，D点以上）。随后建立了一个温度调节模型来预测奶牛的生理反应，以评估其热状态。

参考文献

BERMAN A, 2004. Tissue and external insulation estimates and their effects on prediction of energy requirements and of heat stress. J Dairy Sci, 87（5）：1400-1412.

BERMAN A, 2005. Estimates of heat stress relief needs for Holstein dairy cows. J Anim Sci, 83（6）：1377-1384. https：//doi.org/10.2527/2005.8361377x.

BERMAN A, 2006. Extending the potential of evaporative cooling for heat-stress relief. J Dairy Sci, 89（10）：3817-3825.

BERMAN A, 2009. Predicted limits for evaporative cooling in heat stress relief of cattle in warm conditions. J Anim Sci, 87 (10): 3413-3417.

EHRLEMARK A, and SÄLLVIK K, 1996. A model of heat and moisture dissipation from cattle based on thermal propertie. Transactions of the ASAE, 39 (1): 187-194.

FOROUSHANI S, and AMON T, 2022. A graphical method for assessing the effectiveness of evaporative cooling in naturally ventilated dairy barns. Biosyst Eng, 218: 23-30.

FOURNEL S, OUELLET V, and CHARBONNEAU É, 2017. Practices for alleviating heat stress of dairy cows in humid continental climates: a literature review. Animals, Vol. 7.

GEBREMEDHIN K G, HILLMAN P E, LEE C N, et al, 2008. Sweating rates of dairy cows and beef heifers in hot conditions. Transactions of the ASABE, 51 (6): 2167-2178.

GEBREMEDHIN K G, and WU B, 2001. A model of evaporative cooling of wetskin surface and fur layer. J Therm Biol, 26 (6): 537-545.

IPCC, 2018. Global Warming of 1.5℃. An IPCC Special Report on the impacts of global warming of 1.5℃ above pre-industrial levels and related global greenhouse gas emission Pathways, in the context of strengthening the global response to the threat of climate change, sustainable development, and efforts to eradicate poverty.

KADZERE C, MURPHY M, SILANIKOVE N, et al, 2002. Heat stress in lactating dairy cows: a review. Livest Sci, 77 (1): 59-91.

LI G, CHEN S, CHEN J, et al, 2020. Predicting rectal temperature and respiration rate responses in lactating dairy cows exposed to heat stress. J Dairy Sci, 103 (6): 5466-5484.

LI J, NARAYANAN V, KEBREAB E, et al, 2021. A mechanistic thermal balance model of dairy cattle. Biosyst Eng, 209: 256-270.

MAIA A S C, DASILVA R G, and LOUREIRO C M B, 2005a. Sensible and latent heat loss from the body surface of Holstein cows in a tropical environment. Int J Biometeorol, 50 (1): 17-22.

MAIA A S C, DASILVA R G, and LOUREIRO C M B, 2005b. Respiratory heat loss of Holstein cows in a tropicalenvironment. Int J Biometeorol, 49 (5): 332.

MCARTHUR A J, 1987. Thermal interaction between animal and microclimate: a comprehensivemodel. J Theor Biol, 126 (2): 203-238.

MCGOVERN R, and BRUCE J, 2000. AP—Animal Production Technology: a model of the thermal balance for cattle in hot conditions. J Agric Eng Res, 77 (1): 81-92.

MOUNT L E, 1979. Adaptation to thermal environment. Man and his productive animals. London : Edward Arnold (Publishers) Ltd.

NORMAN H, MILLER R, WRIGHT J, et al, 2012. Factors associated with frequency of abortions recorded through dairy herd improvement test plans. J Dairy Sci, 95 (7): 4074-4084.

PINTO S, HOFFMANN G, AMMON C, et al, 2020. Critical THI thresholds based on the physiological parameters of lactating dairy cows. J Therm Biol, 88: 102523.

POLSKY L, and von KEYSERLINGK M A G, 2017. Invited review: Effects of heat stress on dairy cattle welfare. J Dairy Sci, 100 (11): 8645-8657.

RAVAGNOLO O, MISZTAL I, and HOOGENBOOM G, 2000. Genetic component of heat stress in dairy cattle, development of heat index function. J Dairy Sci, 83 (9): 2120-2125.

SANTOS S G C G, SARAIVA E P, PIMENTA FILHO E C, et al, 2017. The use of simple physiological and environmental measures to estimate the latent heat transfer in crossbred Holstein cows. Int J Biometeorol, 61 (2): 217-225.

SELYE H, 1950. Stress and the general adaptation syndrome. Br Med J, 1 (4667): 1383.

SILANIKOVE N, 2000. Effects of heat stress on the welfare of extensively managed domestic ruminants. Livest Prod Sci, 67 (1): 1-18.

SPIERS D E, SPAIN J N, ELLERSIECK M R, et al, 2018. Strategic application of convective cooling to maximize the thermal gradient and reduce heat stress response in dairy cows. J Dairy Sci, 101 (9): 8269-8283.

THOMPSON V A, BARIONI L G, RUMSEY T R, et al, 2014. The development of a dynamic, mechanistic, thermal balance model for Bos indicus and Bos taurus. J Agric Sci, 152 (3): 464-482.

WANG X, BJERG B S, CHOI C Y, et al, 2018. A review and quantitative assessment of cattle-related thermal indices. J Therm Biol, 77: 24-37.

WEST J, MULLINIX B, and BERNARD J, 2003. Effects of hot, humid weather on milk temperature, dry matter intake, and milk yield of lactating dairy cows. J Dairy Sci, 86 (1): 232-242.

YAN G, LIU K, HAO Z, et al, 2021. The effects of cow-related factors on rectal temperature, respiration rate, and temperature-humidity index thresholds for lactating cows exposed to heat stress. J Therm Biol, 100: 103041.

第2章

热应激对奶牛生理及生产性能的影响

2.1 引言

由于全球气温上升，高温对奶牛的影响曾经被认为仅限于（亚）热带地区，现在已经与温带气候地区有关（Polsky 和 von Keyserlingk，2017；Pinto 等，2020）。此外，对产奶量的密集基因选择导致现代奶牛比过去更容易受到热应激的影响（Ravagnolo 等，2000），使得夏季的热应激问题日益突出，以及随之而来的对奶牛健康（Kadzere 等，2002；de Andrade Ferrazza 等，2017）、生产繁殖性能（Hill 和 Wall，2015；García-Ispierto 等，2007；Schüller 等，2014）的负面影响，甚至加剧死亡风险（Vitali 等，2009）。奶牛对高环境温度特别敏感（Kadzere 等，2002），在热舒适区，奶牛可以很轻松地平衡代谢产热和热损失而不受环境温度的影响（Mount，1979）。然而，当环境温度超过这个（热舒适）区域时，奶牛必须唤起额外的生理反应来摆脱产生的热量。这些生理反应包括呼吸频率（Respiration rate，RR）增加，从身体核心到皮肤表面的血液流量增加，出汗率增加，水消耗增加，反刍活动减少，心率增加，产热减少，核心体温升高等（Burfeind 等，2012；Hill 和 Wall，2015；Galán 等，2018；Amamou 等，2019）。

关于增加 RR 的生理响应，据 Kadzere 等（2002）报道，在高温条件下，约15%的牛体代谢热通过呼吸道蒸发散失。当奶牛暴露于超过其生物热舒适区的温度时，它们必须付出很多努力，甚至可能无法散发足够的热量以维持其体温平衡时，就出现了热应激（Majkić等，2017）。Li等（2020）报道，当环境温度高于20.4℃时，高产奶牛的直肠温度（Rectal temperature，RT）开始升高。据McArthur（1987）构建的模型显示，代谢产热在温度阈值23℃以上开始下降，以减缓体温的升高。认识到环境空气湿度的重要性，温湿度指数（Temperature-humidity Index，THI）经常被用来评估奶牛的热应激程度。例如，Pinto等（2020）定量分析了高产奶牛RR、心率和RT的THI阈值，并建议当THI高于65时应采取缓解热的措施。此外，奶牛热生理调节机制的激活也随热暴露时间的长短而变化（de Andrade Ferrazza等，2017；Pinto等，2020）。Pinto等（2020）证明，当奶牛暴露在THI 65以上的时间增加，奶牛的RR也随之增加。然而，目前很少有研究涉及奶牛开始表现出热应激症状时的温度，因为这个温度取决于相对湿度（Relative humidity，RH）和空气速度（Air velocity，AV）水平。本书介绍了奶牛对环境变化的生理反应的响应顺序，以确定动物是否有某种应对方法或策略。

其他相关问题仍然存在：①在哪种环境条件下，奶牛会通过生理变化作出明显的反应？②额外的通风是否能扩大奶牛的热舒适区阈值？

因此，本书研究目的：①定量研究升高环境温度对荷斯坦奶牛生理和生产性能参数的影响；②确定不同RH和AV水平下生理响应机制激活的拐点温度（Inflection point temperature，IPt）；③探究不同暴露时间对高温条件下奶牛生理机制的影响。

2.2 材料与方法

2021年，试验在荷兰瓦赫宁根大学和研究所（Wageningen University and Research，WUR）的Carus动物研究院进行。试验程序得到了WUR动物护理和使用委员会的批准，并根据荷兰动物实验法（项目号2019.D-0032）进行。

2.2.1 试验动物

本试验共采用20头荷斯坦黑白花奶牛，日均产奶量为（30.0±4.7）kg/d，泌乳天数（206±39）d，体重（687±46）kg，胎次2.0±0.7，其中19头奶牛怀孕（105±38）d。首先根据胎次和预期产奶量，奶牛被分成4组，每组5头。同一个组内的每头牛都被随机分配到5个处理组中的一组。不同处理组奶牛的体重、日产奶量、胎次、泌乳天数和怀孕天数如表2-1所示。奶牛通过固定在限位栏前的饲料槽自由摄取饲料，通过饮水碗自由喝水。所有奶牛都采用相同的喂养方案，每天在05:00和15:30喂料2次（表2-2），根据荷兰体系（CVB，2008）配制的日粮满足或超过泌乳荷斯坦奶牛的营养需求。每天对每头奶牛提供的饲料量进行调整，保证至少5%的剩余量（未食用饲料）。

表2-1 试验奶牛的分组信息

项目	处理组别				
	I (RH_l * AV_l)	II (RH_m * AV_l)	III (RH_h * AV_l)	IV (RH_m * AV_m)	V (RH_m * AV_h)
体重/kg	695±54	671±52	667±41	721±50	680±29
产奶量/(kg/d)	27.2±7.2	30.8±3.9	29.0±6.9	32.0±1.9	30.9±2.0
胎次	2.3±0.5	2.3±0.5	2.5±1.0	2.8±1.0	2.5±0.6
泌乳天数/d	212±35	192±40	182±54	227±31	215±35
怀孕天数/d	100±27	116±20[1]	85±60	104±30	120±48

[1] 在处理组II中有一头未怀孕的奶牛。

表2-2 试验中饲喂奶牛的全混合日粮的成分和化学组成

项目	含量
粗饲料成分/(g/kg)	
玉米青贮	623.2
草青贮	376.8
粗饲料营养成分（% of DM）	
粗蛋白质	9.0
中性洗涤纤维	42.4
酸性洗涤纤维	23.5
精饲料营养成分（% of DM）	
粗蛋白质 CP	18.6
中性洗涤纤维	23.0
酸性洗涤纤维	13.7

[1] 精饲料按6kg/d投喂。调整粗饲料以维持采食量。精饲料被研磨以减小颗粒的大小，使其更容易与粗饲料混合。

2.2.2 试验设备

为了适应试验条件，奶牛在进入呼吸代谢气候舱（Climate-controlled respiration chamber，CRC）前7d，被安置在距离Carus约2km的牧场中。像在CRC中一样，奶牛被安置在单独的限位栏，戴上缰绳，且经常与动物饲养员接触，同时接受试验饲料。在进入CRC后的前3d里，除了接受动物饲养员的喂料和挤奶，研究人员还每天对奶牛进行两次监测。在每次监测期间，对奶牛进行模拟数据收集操作，以了解它们的个体性情，并让其熟悉实际的数据采集活动。在CRC里，奶牛还可以通过透明的窗户看到邻近房间的奶牛和听到其声音。

在这个试验中，使用了两个相同的CRC。每个CRC被分成两个独立的密封隔间，配有透明窗户的薄壁允许两头奶牛进行声音和视觉接触，从而最大限度地减少社会隔离对它们行为的影响。每个隔间的面积为$12.8m^2$，体积为$34.5m^3$，详情可参见Gerrits和Labussière（2015）。对于每个隔间，RH由一个相对湿度传感器（Novasina Hygrodat100，Novasina AG，Lachen，瑞士）实时不间断监测，空气温度（Air temperature，AT）由5个PT100温度传感器（Sensor Data BV，Rijswijk，荷兰）监测，均匀分布在近似奶牛的高度上，如图2-1所示。对于气候控制，使用所有温度传感器的中值，以排除潜在偏差值的不成比例影响。试验处理的RH是通过加湿器（ENS-4800-P，Stulz）或除湿器（koeltechniek，Nijssen）来实现的。循环空气根据与设定值温度的偏差进行加热或冷却。高AV是使用专业风扇（直径500mm，型号8879，HBM Machines BV，荷兰）固定在房间的天花板上（在离地板2.5m的高度）实现的，如图2-1所示，风从后到前吹在牛体的轴向体长上。室内人工照明（390~440 lx）每天16h（05:00—21:00 CRC 1，06:00—22:00 CRC 2），夜间（21:00—05:00 CRC 1，22:00—06:00 CRC 2）明显调暗（35~40 lx）。

2.2.3 试验设计

基于荷兰国家气象局的历史数据模拟了CRC内的环境条件的变化规律（KNMI，2019），这是荷兰夏季天气的典型昼夜模式，然后分别对昼夜条件下的AT和RH进行处理（表2-3，图2-2）。每头牛都在CRC中接受了8d的试验期，包括AT、RH和AV组合的特定处理。如图2-2所

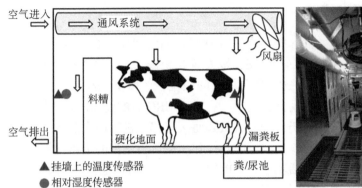

图 2-1　呼吸代谢气候舱的示意图和照片

两侧墙壁（左右）各挂有两个温度传感器，奶牛前方墙上分别挂有一个温度传感器和一个相对湿度传感器。

示，在这 8d 内，室内的 AT 逐渐从夜间的 7℃ 上升到 21℃，白天的 16℃ 上升到 30℃（夜间和白天的温度每天上升 2℃）。如表 2-3 所示，试验处理包括 3 个 RH 水平和 3 个 AV 水平。白天（Day, d）和夜间（Night, n）RH 水平分别为：RH_l（低）30%（d）和 50%（n）；RH_m（中）：45%（d）和 70%（n）；RH_h（高）60%（d）和 90%（n）。然而，CRC 中冷却系统的能力（用于空气除湿）不足以达到所有处理组合的预期值。特别是，在试验期间的头几天，低 AT 和低 RH 的组合被证明是无法达到的。在白天（09:00—21:00），设置了 3 个 AV 水平：AV_l（低）：风扇关闭（0.1m/s）；AV_m（中）：风扇转速 1 级（1.0m/s）；AV_h（高）：风扇转速 2 级（1.5m/s）。风扇在夜间关闭。在 AV_m 和 AV_h 的处理组中，AT 起始温度增加了 2℃，使 8d 试验期内白天的温度范围为 18~32℃。AV_m 和 AV_h 仅与 RH_m 结合。CRC 中前 3d 适应期的 AT、RH 和 AV 条件设置和控制与相应试验期第 1 天相同，每个处理重复 4 次。

表 2-3　在呼吸代谢气候舱中使用的温度、相对湿度和风速处理参数

处理组别	温度（T,℃）		相对湿度（RH,%）		风速（AV, m/s）
	21:00—07:00[1]	10:00—19:00[2]	21:00—07:00	10:00—19:00	09:00—21:00[3]
I（RH_l * AV_l）	7~21[4]	16~30	50	30	风机关

（续表）

处理组别	温度 (T,℃)		相对湿度 (RH,%)		风速 (AV, m/s)
	21:00—07:00[1]	10:00—19:00[2]	21:00—07:00	10:00—19:00	09:00—21:00[3]
Ⅱ (RH_m * AV_l)	7—21	16—30	70	45	风机关
Ⅲ (RH_h * AV_l)	7—21	16—30	90	60	风机关
Ⅳ (RH_m * AV_m)	9—23	18—32	70	45	风机开，速度1
Ⅴ (RH_m * AV_h)	9—23	18—32	70	45	风机开，速度2

[1] 21:00—07:00 表示第一次 CRC 从 21:00 开始到第 2 天 07:00 为止的夜间持续时间。

[2] 10:00—19:00 表示第一次 CRC 在同一天从 10:00 持续到 19:00 的白天时间。

[3] 09:00—21:00 表示第一次 CRC 在同一天从 09:00 持续到 21:00 的风速持续时间，第二次 CRC 的所有控制参数都有 1h 的延迟。

[4] 7—21（或 9—23）表示第 1 天的空气温度为 7℃（或 9℃），第 8 天的空气温度为 21℃（或 23℃）的夜间温度，并且在该期间内温度会增加 2℃，以应对随后的白天；16—30（或 18—32）表示第 1 天的空气温度为 16℃（或 18℃），第 8 天的空气温度为 30℃（或 32℃）的白天温度，并且在该期间内温度会增加 2℃，以应对随后的白天。

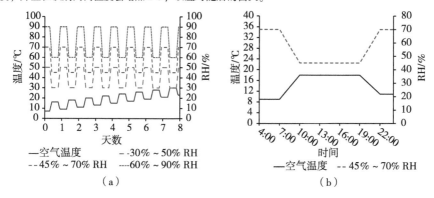

图 2-2 8d 试验期间的温度和相对湿度 (RH) 模式 (a) 与第 2 天相对湿度为 45%~70% 的温度和 RH 模式 (b)

(a) 中 07:00—10:00，温度和 RH 逐渐变化到白天水平，并保持不变，直到 19:00。在 19:00—22:00，温度和 RH 逐渐变化到夜间水平，并再次保持不变，直到第二天 07:00。

从技术上讲，CRC 内的 AT 和 RH 需要 3h 的时间跨度来调整到新的水平。白天 AT 和 RH 的调整范围为 07:00—10:00，夜间 AT 和 RH 的调整范围为 19:00—22:00。考虑到研究人员在 2 个 CRC 对奶牛连续进行数据采集过程中的时间差，两个舱之间关于 AT、RH、AV、光照设置、喂料和挤奶的变化有 1h 的时间差。当奶牛暴露于新的稳定 AT 水平 1h 内定义为短的暴露时间（采集数据的时间点），暴露于新的 AT 水平超过 8h 则为长的暴露时间。

2.2.4 数据采集

数据采集流程如表 2-4 所示。在整个 8d 的试验期间，CRC 内的 AT 及 RH 以 30s 为间隔自动不间断监测。使用手持风速计（Testo 5-412-983, Testo SE & Co. kgaA），每天在奶牛体表周围约 5cm 的 5 个位置人工测量两次 AV，每次 30s：颈部、躯干中部和臀部以及躯干两侧。

表 2-4 两个呼吸代谢气候舱（CRC）的数据收集和测量时间

项目	测量设备与方法	测量时间 CRC 1	测量时间 CRC 2
环境参数			
空气温度	空气温度由五个温度传感器连续测量	连续测量，每隔 30s	连续测量，每隔 30s
相对湿度	相对湿度由湿度传感器连续测量	连续测量，每隔 30s	连续测量，每隔 30s
风速	用手持式风速计测量牛体表周围的 5 个位置：颈部、躯干中部、臀部和躯干两侧	10:00；18:00	11:00；19:00
动物参数			
呼吸速率	安静地观察腹部的起伏，记录 10 次呼吸所需的时间；用秒表记录	10:00；18:00	11:00；19:00
直肠温度	数字温度计插入奶牛直肠大约 3cm 处，听到"哔"声后读数	10:00；18:00	11:00；19:00
皮肤温度	用温度计探头直接触式测量奶牛皮肤表面，测量四个不同的区域（心脏、背部、腹部和臀部）	10:00；18:00	11:00；19:00
干物质摄入	晨饲前收集前一天剩余饲料称重，采集样品分析干物质含量	05:00	06:00
产奶量	每次挤奶时记录产奶量；每次挤奶时采集牛奶样品直到送到公司，用于乳脂、乳蛋白和乳糖分析	05:00；15:30	06:00；16:30
饮水量	饮水量是通过读水表来测量的	05:00；15:30	06:00；16:30

在 10:00 和 18:00，每天测量两次因变量：RR、皮肤温度（Skin temperature，ST）和 RT。RR 通过安静观察侧翼运动来测量，并用秒表记录数 10 次呼吸所需的时间。用体温计探头（Testo 0602 0393，Testo SE &

Co. kgaA)和手持数据记录仪（Testo 435-4，Testo SE & Co. kgaA）直接触摸皮毛下的皮肤表面，测量身体 4 个不同部位（心脏、背部、腹部和臀部）的 ST。将数字温度计（VT 1831，Microlife AG）插入奶牛直肠大约 3cm 处，当哔声响起时，读取 RT 结果。在数据采集过程中，没有观察到奶牛有明显的不适反应。在晨间喂料前收集饲料残渣并称重，分析其干物质（Dry matter，DM）和化学成分。奶牛每天在 CRC 内挤奶 2 次，分别在 05:00 和 15:30，并记录每头奶牛每次挤奶时的产奶量（Milk yield，MY）。在每次挤奶时收集牛奶样本，由 Veluwe IJsselstreek 公司（Nunspeet，荷兰）进行乳脂、蛋白质和乳糖成分分析。每天挤奶前，通过读取水表（Unimag Cyble UT4 BH-A，Itron）来测量每头奶牛的饮水量。

2.2.5 数据统计分析

所有参数的分析均以奶牛为实验单位。统计分析在 SAS 9.4（SAS Institute Inc.，Cary，NC）中进行。其中有一头接受试验处理Ⅳ：RH_m * AV_m 的奶牛因乳腺炎被终止试验。首先对数据进行分析，以探究其分布、异常值，并确定哪种统计模型（线性或非线性回归）最适合奶牛对不同处理的反应。为了评价 AT、RH 及 AV 对奶牛响应变量的影响，首先采用非线性模型对数据进行分析。

$$y_{ijk} = C_i + a_i \cdot z + cow_{ijk} + \varepsilon_{ijk}$$
$$z = (AT > IPt) * (AT - IPt),$$
$$where (AT - IPt) \text{ is defined as zero if} (AT \leq IPt) \quad \text{式 2-1}$$

其中，y_{ijk} 是观测到的响应变量；C_i 是在每个处理水平的温度范围内的常数（$i=1,\cdots,5$）；a_i 是 z 的回归系数以及 z 与第 i 个处理之间的相互作用；z 是结构部分，创建了具有拐点（IPt）的 AT 回归线；cow_{ijk} 是第 j 头奶牛在第 k 个试验日的随机效应；ε_{ijk} 是残差。

采用包含奶牛随机效应的 SAS NLMixed 程序，拟合折线回归模型，并根据拟合统计标准确定 RR 和 RT 的 IPt（Robbins 等，2006）。非线性模型的起始值首先通过直观观察数据分布来选择，然后使用模型的输出来调整。通过比较赤池信息准则（Akaike information criterion，AIC）确定最佳拟合模型（越小越好）。采用 χ^2 检验验证模型的显著性，采用 t 检验两两比较处理间、两暴露时间（短、长）的差异。

如果折线模型不能收敛，则使用线性回归模型。采用 MIXED 程序研究在不同暴露时间下每种处理增加 AT 的影响。虽然每只动物的多次测量不能被视为独立的观察单位，但在模型中，包括奶牛和实验日在内的重复测量被视为随机效应。每项分析都检验不同的协方差结构，并选择 AIC 值最小的协方差结构。线性回归模型为：

$$y_{ijk} = \mu_i + (a + b_i) \cdot T + cow_{ijk} + \varepsilon_{ijk} \qquad 式2-2$$

其中，y_{ijk} 是观测到的响应变量；μ_i 是每个处理水平的截距（i = 1，…，5）；a 和 b_i 分别是 AT 的回归系数和 AT 与第 i 个处理之间的相互作用；cow_{ijk} 是第 j 头奶牛在第 k 个试验日的随机效应；ε_{ijk} 是残差。采用 χ^2 检验验证模型的显著性，采用图基检验（PDIFF）两两比较不同处理间、两暴露时间（短、长）的差异。

对于生产性能参数，对前两个试验日的数据计算采食量、饮水摄入量、产奶量、乳蛋白产量和乳脂产量的平均基线。采用 MIXED 程序研究了增加 AT 对这些参数的影响。数值以最小二乘均值及其标准差表示。通过使用 UNIVARIATE 程序检验残差分布（方差的齐性和正态性），对折线模型和线性模型的模型假设进行了评估。除非另有说明，$P \leqslant 0.05$ 为判断显著性的标准。

2.3 研究结果

2.3.1 呼吸代谢气候舱内的环境条件

不同 RH 处理的实际（测量）AT 和 RH 结果如图 2-3 所示。日循环温度严格按设定点保持恒定，偏差小于±0.50℃。RH_l 在前 5d 内未能达到设定值（30%~50%），但在第 6~8 天接近设定值。同样，RH_m 在前 3d 内也达不到预期值（45%~70%）。AV 由在每头奶牛周围的 5 个测量点的平均值计算。AV_l 范围为 0.05~0.11［平均（0.08±0.01）m/s］，AV_m 范围为 0.48~1.74［平均（1.14±0.30）m/s］，AV_h 范围为 0.72~1.98［平均（1.35±0.29）m/s］。

2.3.2 奶牛对不同环境条件的生理响应

在模型选择上，RR 和 RT 拟合为折线模型，ST 拟合为线性模型，不同处理和暴露时间对不同生理参数折线或线性模型系数的影响结果如表

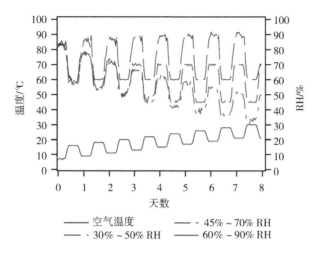

图 2-3 3 个 RH 水平在 8d 试验期内的平均温度和相对湿度（RH）

2-5 所示。折线模型里的常数反映了在较低环境温度下 RR 的基础水平。暴露时间短的 RR 在 31.3~36.3 次/min，暴露时间长的 RR 在 24.8~36.5 次/min。

表 2-5 不同相对湿度（RH）和风速（AV）下生理参数随环境温度（AT）升高的折线或线性回归系数（均值±SEM）

因变量	暴露时间[2]	调整后的 R^2	回归模型成分	处理组别[6]				
				Ⅰ (RH_l * AV_l) N=4	Ⅱ (RH_m * AV_l) N=4	Ⅲ (RH_h * AV_l) N=4	Ⅳ (RH_m * AV_m) N=3	Ⅴ (RH_m * AV_h) N=4
呼吸速率/（次/min）	短	0.733	基础值[4] 拐点温度 斜率	36.0±2.35[a] 25.8±0.50[a] 9.4±2.28[a]	31.3±2.91[b] 21.9±0.82[b] 5.9±1.04[b]	36.3±5.01[ab] 20.9±0.69[c] 6.4±0.64[c]	33.6±2.26[ab] 22.7±1.12[b] 4.1±1.17[c]	32.7±2.35[b] 24.2±0.84[d] 5.3±1.23[bc]
	长	0.725	基础值 拐点温度 斜率	36.5±3.23[a] 25.5±0.42[a] 9.5±1.34[a]	30.1±3.70[b] 21.0±0.90[b] 5.1±0.88[bc]	28.4±6.93[bc] 18.9±1.04[b] 5.3±0.63[b]	24.8±2.88[c] 21.0±0.97[b] 4.2±0.54[c]	30.6±3.69[b] 22.8±0.88[d] 5.6±0.93[b]
P 值[1]			基础值 拐点温度 斜率	NS[5] NS NS	NS NS NS	0.066 0.011 0.035	0.002 0.051 NS	NS 0.039 NS

（续表）

因变量	暴露时间[2]	调整后的R^2	回归模型成分	处理组别[6]				
				Ⅰ (RH_l*AV_l) N=4	Ⅱ (RH_m*AV_l) N=4	Ⅲ (RH_h*AV_l) N=4	Ⅳ (RH_m*AV_m) N=3	Ⅴ (RH_m*AV_h) N=4
直肠温度/℃	长[3]	0.581	基础值	38.6±0.13[a]	38.7±0.07[a]	38.4±0.08[b]	38.1±0.15[c]	38.4±0.10[b]
			拐点温度	25.3±0.92[a]	25.9±0.45[a]	20.1±1.2[b]	21.0±1.19[b]	25.3±1.32[a]
			斜率	0.08±0.03[ab]	0.14±0.05[c]	0.10±0.02[ac]	0.07±0.02[b]	0.07±0.02[b]
皮肤温度/℃	短	0.804	截距	27.4±1.34[a]	27.3±0.75[a]	29.4±1.10[b]	21.8±0.68[c]	23.8±0.82[d]
			斜率	0.28±0.06[a]	0.28±0.03[a]	0.23±0.05[a]	0.44±0.03[b]	0.38±0.03[c]
			B	NS	NS	NS	0.22±0.06[a]	0.16±0.06[a]
	长	0.811	截距	30.1±0.76[a]	30.4±0.83[a]	31.3±0.83[a]	25.1±0.92[b]	25.3±0.66[b]
			斜率	0.21±0.03[a]	0.19±0.04[a]	0.18±0.04[a]	0.36±0.04[b]	0.35±0.03[b]
			B	NS	NS	NS	0.19±0.05[a]	0.17±0.05[a]
P值				0.014	0.005	0.022	0.047	NS

[a,b,c,d]在一列中，不同的字母表示处理组织间的差异，$P<0.05$。
[1]两次曝光时间之间统计学差异的P值。
[2]暴露时间"短"表示奶牛在该条件下停留1 h以内，"长"表示奶牛在该条件下停留8 h左右。
[3]对于暴露时间较短的直肠温度，无法拟合折线模型。
[4]常数=基础值；IPt=拐点温度；b=温度与处理交互作用的回归系数。
[5]NS，$P≥0.10$。
[6]处理水平：RH_l：30%；RH_m：45%；RH_h：60%；AV_l：0.1m/s；AV_m：1.0m/s；AV_h：1.5m/s。

不同处理之间的RR基础水平存在一些差异，但这与RH或AV水平没有直接联系。此外，RH_h*AV_l和RH_m*AV_m两种处理下的常数RR随暴露时间的不同而不同（$P=0.066$和$P=0.002$），长时间暴露的RR低于短时间暴露的RR。考虑到不同奶牛基础RR的差异，产奶量被用于检验是否为正常RR的协变量（试验期前两天的数据），但没有观察到产奶量对基础RR的显著影响。短时间暴露的IPt在20.9~25.8℃，长时间暴露在18.9~25.5℃。一般情况下，IPt随RH的降低和AV的增加而增加。在长时间暴露下，RR的IPt随RH的增加而降低（$P<0.05$）：RH_l、RH_m和RH_h分别为25.5、21.0和18.9℃。RH_h*AV_l和RH_m*AV_h处理下，暴露时间的增加会减小RR的IPt（$P<0.05$），RH_m*

AV_m 处理下 IPt 有同样的减小趋势（$P<0.10$）。在 AV_h 条件下，RR 的 IPt 高于 AV_l 条件下的 IPt（AV_l 和 AV_h 分别为 21.0、22.8℃；$P<0.05$）。AV_l 和 AV_m 条件下 RR 的 IPt 差异不显著。斜率（折线模型中的回归系数"a"）在短时间暴露时在 4.1~9.4 次/℃ 变化，在长时间暴露时在 4.2~9.5 次/℃ 变化。在 RH_l 条件下，与其他处理相比，斜率明显较大（$P<0.05$），这意味着在低 RH 条件下，虽然奶牛可以在较宽的 AT 范围内保持基础 RR，但超过 IPt 后，必须迅速升高 RR。

在不同 RH 和 AV 组合水平下升高 AT 对直肠温度有影响（表 2-5）。表 2-5 中没有显示短曝光期间的 RT，因为它不能用折线模型拟合。短、长暴露时间的平均基础 RT 分别为（38.4±0.3）℃ 和（38.7±0.4）℃（$P<0.01$）。对于长时间暴露，5 种处理的恒定 RT 保持在 38.1~38.7℃ 范围内。在低 AV 条件下，高 RH 水平的 RT 低于其他 RH 水平（$P<0.05$）。RH_m * AV_m 处理的基础 RT 最低（$P<0.05$）。RT 的 IPt 在 20.1~25.9℃ 变化。低 AV 条件下，RH_h 下 RT 的 IPt 明显低于 RH_l 和 RH_m（20.1℃ vs. 25.3℃ 和 25.9℃；$P<0.05$）。AV 对 RR 的 IPt 的影响不一致：在中等 AV 水平时，IPt 比高 AV 水平时小（$P<0.05$）。斜率在 0.07~0.14 变化。AV 水平对斜率（RT 随 AT 升高的速率）的影响是明显的：在中、高 AV 水平下，斜率显著低于低 AV 水平和中、高 RH 组合处理下的斜率（$P<0.05$）。

皮肤温度随 AT 的增加线性增加（$P<0.001$）。对于这 5 种试验处理，短时间暴露时 ST 的截距在 21.8~29.4℃，长时间暴露时在 25.1~31.3℃。高 RH 下短时间暴露时 ST 截距大于低 AV 的 RH_l 和 RH_m 处理（$P<0.05$），而长时间暴露下低 AV 的 3 个 RH 水平之间截距无显著差异。AV_h 短时间暴露下 ST 截距高于 AV_m 组（$P<0.05$），而长时间暴露下无显著差异。一般来说，无论是短时间还是长时间的暴露，奶牛在较高的 AV 水平下都有较低的 ST 截距。斜率[线性模型中的系数（$a+b$）]在短暴露时在 0.23~0.44 变化，在长曝露时在 0.18~0.36 变化。在 AV 水平较低时，RH 和 AT 对 ST 的升高速率无交互作用，而 AV 和 AT 对 ST 的升高速率均有交互作用（$P<0.05$）。AV 和 AT 在 ST 上的相互作用明显，尤其是 AV_l 与 AV_m 和 AV_h 相比（图 2-4 c2）。在较高的 AV 水平下，ST 斜率的增加幅度大于 AV_l。除 RH_m * AV_h 外，长时间暴露的平均 ST 均高于短时间暴露（$P<0.05$），而短时间暴露下，随着每摄氏度 AT 增

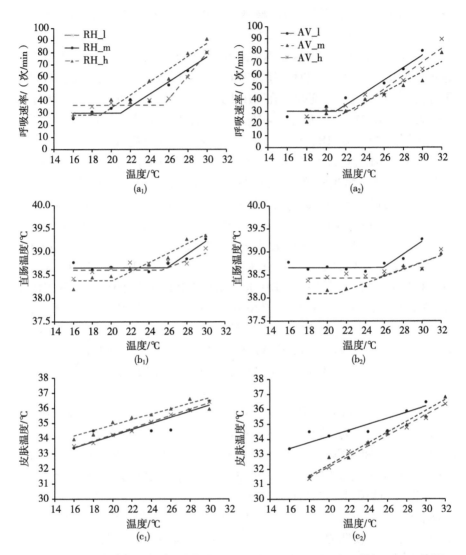

图2-4 不同处理环境温度与处理Ⅰ、Ⅱ和Ⅲ下（a_1）呼吸速率、（b_1）直肠温度、（c_1）皮肤温度的关系（RH_l、RH_m和RH_h分别为30%、45%和60%；AV_l：0.1m/s）；处理Ⅱ、Ⅳ、Ⅴ时的（a_2）呼吸速率、（b_2）直肠温度、（c_2）皮肤温度的关系（AV_l、AV_m、AV_h分别为0.1、1.0、1.5m/s；RH_m：45%）

加，ST 增加更为明显。

2.3.3 奶牛对不同环境条件的生产性能响应

不同处理对干物质摄入（Dry matter intake，DMI）、饮水量和产奶量的影响。在试验初期（第 1、第 2 天），不同处理下奶牛的基础 DMI 在 17.9~21.1kg/d 变化，采食量在 56.7~69.9kg/d 变化。在 5 个处理中，AT 每升高 1℃ 奶牛 DMI 则降低 0.003~0.14kg/d。处理Ⅲ组（RH_h * AV_l）DMI 下降最显著（$P<0.01$），处理Ⅱ组（RH_m * AV_l）也有 DMI 降低的趋势（$P=0.079$），其余 3 个处理组 DMI 无显著下降。除处理Ⅰ组（RH_l * AV_l），各处理组饮水量与 AT 升高呈正相关（$P<0.05$）。

除处理Ⅴ组（RH_m * AV_h）的上午产奶量增加（$P=0.058$），增加 AT 对其他所有处理的上午或下午产奶量均无显著性影响（NS；$P>0.10$）。而在处理Ⅲ组（RH_h * AV_l）中，下午乳蛋白和乳脂肪产量随 AT 的增加而降低（$P<0.05$）。处理Ⅳ和处理Ⅴ组（RH_m * AV_m，RH_m * AV_h）也有乳脂产量降低的趋势（$P=0.055$，$P=0.066$），说明增加 AT 虽然不影响产奶量，但会影响营养成分的产量。

2.4 讨论

本研究评估了在不同 RH 和 AV 水平下提高 AT 对荷斯坦黑白花奶牛热调节反应的影响。这项研究的结果将有助于开发新的基于动物生理调控规律的降温策略，以缓解热应激。

2.4.1 奶牛对不同环境条件的生理响应

RR 的增加是奶牛在高温条件下试图通过增加呼吸道蒸发热损失来保持恒定体温的第一个反应。Berman 等（1985）发现，当环境温度超过 25℃ 时，泌乳奶牛的 RR 开始上升。他们认为，由于体型较大，呼吸蒸发热损失对于维持牛体的热稳定性极其重要。在我们的研究中，在高 RH 和低 AV 的组合下，RR 在 19℃ 时（IPt）略有增加。当 RH 较低时，测定的 IPt 较高。低 RH（30%）和高 RH（60%）处理下的 IPt 差异为：短暴露时间（1h）为 5℃，长暴露时间（8h）为 6.5℃，这与其他研究的结果一致（Pinto 等，2020）。IPt 随着 AV 的增加而增加，且从低 AV

（0.1m/s）到中 AV（1.0m/s）的增加小于从中 AV 到高 AV（1.5m/s）的增加。Spiers 等（2018）认为风机散热的效果高度依赖于 AT，由于 AT 与 ST 的差异较小，中等 AV（1.0m/s）对对流散热贡献不大。此外，中等 AV 可能不足以克服牛体皮毛的热阻，这导致两个 AV 水平之间的 RR 略有差异。此外，如果汗液能够完全蒸发而不受 45%RH 环境空气潜在蒸发率的限制（Gash 和 Shuttleworth，2007），那么 AV 对皮肤蒸发热损失的帮助不大。为了评估热应激程度，Gaughan 等（2008）基于 RR 反应，结合 AT、RH、AV 和黑球温度开发了热负荷指数；当 AT 和太阳辐射固定时，RH 从 20%增加到 80%，没有发现 AV（从 1m/s 升高到 2m/s）的冷却效应（Wang 等，2018）。因此，在下一步研究中，将较高的 RH 水平（高于 60%）与较高的 AV 水平相组合，可能会有助于确定 AV 的显著作用，因为在高 RH 下，增加 AV 有助于提高环境空气的潜在蒸发率，因此进一步增加皮肤潜热耗散。Gebremedhin 等（2008）研究发现，增加的 RH 对奶牛的皮肤潜热损失有负面影响，这意味着在使用雾化器实现蒸发冷却时需要监测 RH 情况（Berman，2009）。当 RH 水平从高（60%）到低（30%）时，IPt 可提高：短暴露时间为 5℃，长暴露时间为 6.5℃。在图 2-5 中，基于热力学和焓湿图（将水蒸发为水蒸气可以降低空气温度）对蒸发降温过程进行了模拟，室内空气温度从 30℃开始，并在不同 RH 水平下添加水分（ASHRAE，2009；Silva 和 Maia，2011）。模拟结果表明，当添加水分时，RH 从 30%上升到 60%，同时室内 AT 可降低 6.8℃。从这个模拟可以推测，在 AT 高且 AV 较低的环境中，应用蒸发降温会导致 RH 的增加，这可能会阻止牛体皮肤汗液的蒸发，因为潮湿空气的蒸发潜力不足。因此，如果空气的蒸发冷却与较高的 AV 相结合，将不会减少空气的蒸发潜力，但需要进一步的研究来证实这一假设。

关于热暴露时间对奶牛生理反应的影响的研究报道较少。本研究是第一个研究暴露时间的研究，我们发现长暴露时间会降低 RR 的 IPt。在此研究中，环境条件得到了控制，因此我们可以清楚地看到暴露时间对 RR 的影响。然而，Pinto 等（2020）在夏季传统牛舍进行的一项研究，很难确定 RR 的增加（超过临界阈值后增加 2.9 次/min）是由于热负荷量级的增加还是由于热暴露时间的增加。

当奶牛不能将自身代谢热完全耗散时，RT 就会上升。Brown-Brandl 等（2003）连续监测了 RR，发现 RT 相对于 RR 的增加有所延迟。有关

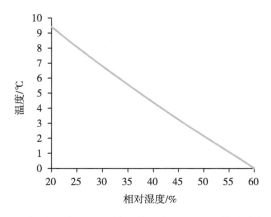

图 2-5 初始温度为 30℃的环境空气温度使用蒸发冷却达到
60%相对湿度的温度下降与初始相对湿度之间的关系

RT 和 AT 之间的关系已经有较多的研究。Li 等（2020）最近的一项研究指出，RT 在 AT 为 20.4℃时开始上升，未提及 RH 或 AV 的条件，其 IPt 仅与本研究中 RH 为 60%且 AV 较低的条件下的 IPt 相当。Pinto 等（2020）和 Yan 等（2021b）研究显示 RT 的临界 THI 阈值为 70，这与我们处理 I（RH_l * AV_l 和 25℃）的结果一致（图 2-6）。在我们的研究中，我们发现短暴露时间的平均 RT 低于长暴露时间的平均 RT。根据 McGovern 和 Bruce（2000b）的观点，牛体没有耗散的热量增量会储存在核心体内，导致体温上升。因此，本研究提出暴露时间对 RT 的影响是评估高 AT 下奶牛耐热性的一个重要因素，特别是在没有 AV 干预的高 RH 环境中。这一结果表明，在高 RH 的炎热天气，蒸发降温效果不佳。然而，Mullick（1960）在牧场进行实验时发现，高 RH 有降低 RT 的趋势，这可能是由于 AT 和 RH 的波动。当通过蒸发冷却将环境 RH 从 30%提高到 60%时，AT 可以从 30℃降低到 23.2℃（图 2-5），并且对 RT 没有积极影响。在传统牧场，至少在荷兰，最常用的热应激干预措施是使用风机在奶牛周围提供高 AV。实际牛舍 AV 与本研究中的 AV_m 相当，RH 一般在 45%~60%（本研究中的 RH_m；André 等，2011）。在上述 RH 条件下，AV_m 大概率可以有效地使奶牛将 RT 维持在正常范围内。此外，个体奶牛特征如品种差异等，也会影响它们对热应激的反应（Gaughan 等，2000；Berman，2005）。然而，这些个体因素差异并不包括在我们的研究分析中。此外，我们在 CRC 中安装风扇的方式（图 2-1）与牛舍安装风机的方式不同。我们在牛体周围选取 5 个位置测量 AV，发现臀部周围的 AV 最高和腹部两侧 AV 最低，这或许可以解释高 AV 对 RT 的 IPt 有限的影响，此外，有一头奶牛因为乳腺炎被移除，可能会导致较低的估计精度。热暴露时间对判断热应激程度的重要性已被多次报道（Kaufman 等，2018；Peng 等，2019）。在实施降温方案时值得注意的是，一旦 AT 超过 IPt，暴露时间越短，奶牛就越能保持稳定的 RT。

如果没有降温措施，奶牛的 ST 随环境 AT 的增加而增加。我们观察到，在提供高 AV 时，奶牛的 ST 明显低于低 AV 时，特别是在环境 AT 较低时。当热传递需求减少时（在低 AT 下），没有额外的血管扩张（McGovern 和 Bruce，2000b；Silanikove，2000）。根据 Collier 等（2006），文中没有提供 RH 或 AV 的相关信息，当 ST 上升到 35℃ 以上时，奶牛逐渐开始储存热量，体现在 RT 的增加。我们可以同意作者 Collier 等的观点，图 2-4 b_1 和 c_1 中的线性线呈现渐近模式，除了 RH_m * AV_m 处理，这可能是由于不同奶牛的个体差异。在没有足够的 RH 和 AV 条件信息的情况下，很难将结果与以前的研究进行比较。如上所述，除 RH_m * AV_m 处理外，在 AV 干预下（图 2-4 b_2 和 c_2），ST 和 RT 的表现不同。处理Ⅱ的起始 ST 已经比其他两个处理高出约 3℃（图 2-4 c_2），因此处理Ⅱ的基础 RT 明显高于其他两个处理（图 2-4 b_2）。这表明了不同奶牛的反应是有显著差异的。高 RH 处理（图 2-4 c_1）的起始 ST 已经高于其他组，而这种高起始 ST 是否导致 RR 和 RT 的 IPt 最低（图 2-4 a_1 和 b_1）是一个有趣的发现。理论上，对流散热发生在温度梯度之间；在这种情况下，由于 ST 已经很高，将体表热量输送到环境空气的能力是有限的。因此，它导致 RR 和 RT 的早期增加。

虽然在本研究中，荷斯坦奶牛还没有达到生产水平的高峰期（已进入泌乳后期），但结果仍然表明，奶牛对 AT 的生理反应阈值甚至略低于 20℃。对 AT 增加的第一个反应是 RR 增加，而 RT 直到 AT 高于 20℃ 才增加。Yan 等（2021b）报道，在中国，泌乳早期奶牛的 RT 和 RR 开始增加的 THI 阈值低于泌乳后期的奶牛。这意味着，对于接近产量高峰的高产奶牛，RR 和 RT 的 IPt 可能更低。此外，这项研究只模拟了 8d 内温度的逐渐上升，而不是几天内的热浪——这在亚热带和热带地区很常见（Pinto 等，2019）。如果奶牛在夜间没有较低温度的恢复期，那么高温的不利影响会被低估（Gaughan 等，2008）。

2.4.2 奶牛对不同环境条件的生产性能响应

一般农场动物，特别是奶牛，其生产力的主要衡量指标之一是 DMI（Spiers 等，2018）。根据 Mount（1979）的研究，DMI 随着 AT 的升高而降低，以减少动物的产热，从而补偿了减少的散热。在本研究中，奶牛在低 RH 或高 RH 结合高 AV 的情况下能维持正常的 DMI。在无风情况下中等 RH 和高等 RH 对 DMI 的影响同样显著，这与其他研究具有可比性（Hill 和 Wall，2017；Herbut 等，2021）。West 等（2003）发现，在 73～82，THI 每增加一个单位，每日 DMI 减少 0.51kg，而 Hill 和 Wall（2017）报告称，每增加一个单位 THI，DMI 减少 0.03kg。研究结果表明，在中等 RH 条件下，增加 AV 对 DMI 有积极影响。

水是奶牛最重要的营养物质之一（West，2003）。在本研究中，随着 AT 的增加，饮水摄入量有非常明显的增加。奶牛所产的奶中含有大约 87% 的水分，在热应激下，水也会通过呼吸和出汗蒸发损失。奶牛应该通过增加饮水量来弥补这些。在本研究中，处理Ⅳ组（45% RH 和 1.0m/s AV）的饮水摄入量增加最多，而处理Ⅰ组（30% RH 和 0.1m/s AV）的饮水摄入量增加最少。原因可能是：①处理Ⅰ组中的奶牛随机产奶量最低；②没有太多的汗液蒸发。根据 West（2003）的研究，环境温度每升高 1℃，水的摄入量就增加 1.2kg，这在我们研究中观察到的增加范围内。

随着 AT 的增加，5 个处理的产奶量均无明显变化。这很有趣，因为 Zimbelman 等（2009），Gauly 等（2013）以及 Hill 和 Wall（2015）都报道了产奶量在平均 THI 为 68 时开始下降，下降速度可能为 2.2kg/d。在本研究中，THI 为 68 与 45% RH（22℃）或 30% RH（24℃）的组合相似（图 2-6）。然而，Linvill 和 Pardue（1992）研究发现，当 THI 高于 74 时，产奶量在 4d 后才开始下降。考虑到本研究中 T/RH/AV 昼夜模式的复杂组合，可以对这一矛盾给出几种解释：①奶牛能够在较低的温度下在夜间恢复：根据 Igono 和 Johnson（1990），只有当奶牛的直肠温度在 39℃ 以上超过 16h 时，产奶量才会下降，而我们的研究由于夜间较低的 AT 而从未达到这一水平；②牛奶中营养成分的日总产量下降，但仅从产奶量不能直接看出这一点；③产奶量下降会作为对热应激的延迟反应出现在较晚的时间（Linvill 和 Pardue，1992；Polsky 和 von Keyserlingk，2017），由于目前的研究设置和时间范围，我们无法观察到这一点。

		相对湿度（%）						
		30	35	40	45	50	55	60
温度（℃）	16	60	60	60	60	60	60	60
	17	61	61	61	61	62	62	62
	18	62	62	63	63	63	63	63
	19	63	64	64	64	64	64	65
	20	64	65	65	65	65	66	66
	21	66	66	66	67	67	67	67
	22	67	67	67	68	68	68	69
	23	68	68	69	69	69	70	70
	24	69	69	70	70	71	71	72
	25	70	70	71	71	72	72	73
	26	71	72	72	73	73	74	74
	27	72	73	73	74	75	75	76
	28	73	74	75	75	76	77	77
	29	74	75	76	77	77	78	79
	30	76	76	76	78	79	79	80
	31	77	77	78	79	80	81	81
	32	78	79	79	80	81	82	83

图 2-6　温湿指数根据 NRC（1971）计算

数值表示热应激的严重程度（Zimbelman 等，2009）：≤67 为无热应激；68~71 表示轻度热应激；72~79 代表中度热应激；≥80 表示严重热应激。3 个白色线框内的 THI 值分别是试验中的温度和相对湿度条件。

DMI 和产奶量的统计分析表明，在低 RH（30%）条件下，在试验设置的 AT 范围内（16~30℃），奶牛能够维持 DMI 和牛奶、乳蛋白和乳脂肪产量。AV 对牛奶成分没有显示出积极的影响。尽管许多研究报告了风扇冷却对牛奶产量的积极影响（Calegari 等，2014；Sunagawa 等，2015；Wu 等，2016），如前所述，一旦 ST 和 AT 之间的梯度渐近，当汗液蒸发不受限制时，高 AV 的散热功能就会减弱。这对商业牧场是一项有趣的发现，因为大多数降温措施都专注于增加 AV，结合/不结合雾化水（Avendaño-Reyes 等，2010；Fournel 等，2017b；Spiers 等，2018）。然而，在我们的研究中，我们没有探究高 AV 是否可能与高 RH 水平联合产生影响。在任何情况下，对奶农来说，在设计蒸发降温系统时考虑牛舍内的相对湿度是很重要的。

本研究在 CRC 中进行模拟，可以避免混淆效应，使我们能够控制变量来研究生理反应与环境温度和高温持续时间的关系。尽管奶牛被安置在一个非自然环境中，它们仍然可以作出行为上的反应，例如减少躺卧时间或增加饮水量。但本研究中，奶牛不能像在真实的牧场中那样自由走动或与其他奶牛互动，这将使奶牛对热负荷的生理反应产生一定的影响。但重要的是，本研究提供的是室内奶牛的信息，室外奶牛需要应对来自太阳的辐射。当没有遮阳时，IPt 会显著降低。在有大量奶牛的牛舍内，奶牛有更多的行为选择来应对不断变化的室内气候。然而，在气温上升的情况下，奶牛会倾向于远离其他奶牛散发的热量，这将使奶牛之间的相互作用效应在热应激情况下降低。我们建议在实际环境中验证这些在实验条件下发现的结果。

2.5 小结

在超过 IPt 时，奶牛的热生理反应产生了显著变化。RR 增加是奶牛对高环境温度作出反应的第一个指标。RR 的 IPt 随 RH 的降低和 AV 的增加而增加。从低 RH 到高 RH，RR 的 IPt 的降低，几乎与通过环境空气的蒸发冷却降低的 AT 一致。当 AT 高于 20.1~25.9℃ 时 RT 开始升高。RT 的升高是 AT 超过热舒适区上限的标志。当最高 RH 水平与最低 AV 水平相结合时，RT 的 IPt 最低。一般来说，在中等 RH 水平下，AV 对 RR 和 RT 的影响相对较小。在 RH 较高时，当环境空气的蒸发潜力受到限制时，情况可能会有所不同。暴露时间（1h 或 8h）对升高 AT 的 RR、RT 和 ST 均有显著影响。这意味着，如果被迫长时间保持在炎热的环境中，奶牛在较低的 AT 下就会产生生理响应。

参考文献

AMAMOU H Y, MAHOUACHI B M, and HAMMAMI H, 2019. Thermotolerance indicators related to production and physiological responses to heat stress of holstein cows. J Therm Biol, 82: 90-98.

ANDRÉ G, ENGEL B, BERENTSEN P, et al, 2011. Quantifying the

effect of heat stress on daily milk yield and monitoring dynamic changes using an adaptive dynamic model. J Dairy Sci, 94 (9): 4502-4513.

AVENDAÑO-REYES L, ÁLVAREZ-VALENZUELA F D, CORREA-CALDERÓN A, et al, 2010. Comparison of three cooling management systems to reduce heat stress in lactating Holstein cows during hot and dry ambient conditions. Livest Sci, 132 (1): 48-52.

BERMAN A, 2005. Estimates of heat stress relief needs for Holstein dairy cows 1. J Anim Sci, 83 (6): 1377-1384.

BERMAN A, 2009. Predicted limits for evaporative cooling in heat stress relief of cattle in warm conditions. J Anim Sci, 87 (10): 3413-3417.

BERMAN A, FOLMAN Y, KAIM M, et al, 1985. Upper critical temperatures and forced ventilation effects for high-yielding dairy cows in a subtropical climate. J Dairy Sci, 68 (6): 1488-1495.

BROWN-BRANDL T M, NIENABER J A, EIGENBERG R A, et al, 2003. Thermoregulatory responses of feeder cattle. J Therm Biol, 28 (2): 149-157.

BURFEIND O, SUTHAR V S, AND HEUWIESER W, 2012. Effect of heat stress on body temperature in healthy early postpartum dairy cows. Theriogenology, 78 (9): 2031-2038.

CALEGARI F, CALAMARI L, AND FRAZZI E, 2014. Fan cooling of the resting area in a free stalls dairy barn. Int J Biometeorol, 58 (6): 1225-1236.

COLLIER R J, DAHL G E, AND VANBAALE M G, 2006. Major advances associated with environmental effects on dairy cattle. J Dairy Sci, 89 (4): 1244-1253.

CVB, 2008. CVB Table Ruminants 2008, series nr. 43. CVB, The Hague, The Netherlands.

DE ANDRADE FERRAZZA R, MOGOLLÓN GARCIA H D, VALLEJO ARISTIZÁBAL V H, et al, 2017. Thermoregulatory responses of Holstein cows exposed to experimentally induced heat stress. J Therm Biol, 66: 68-80.

FOURNEL S, OUELLET V, AND CHARBONNEAU É, 2017. Practices

for alleviating heat stress of dairy cows in humid continental climates: a literature review. Animals, 7 (5): 37.

GALÁN E, LLONCH P, VILLAGRÁ A, et al, 2018. A systematic review of non-productivity-related animal-based indicators of heat stress resilience in dairy cattle. PLoS One, 13 (11): e0206520.

GARCÍA-ISPIERTO I, LÓPEZ-GATIUS F, BECH-SABAT G, et al, 2007. Climate factors affecting conception rate of high producing dairy cows in northeastern Spain. Theriogenology, 67 (8): 1379-1385.

GASH J H, and SHUTTLEWORTH W J, 2007. Evaporation. IAHS Press.

GAUGHAN J, HOLT S, HAHN G, et al, 2000. Respiration rate: Is it a good measure of heat stress in cattle? Asian-Australas J Anim Sci, 13 (Supplement Vol C): 329-332.

GAUGHAN J B, MADER T L, HOLT S M, et al, 2008. A new heat load index for feedlot cattle1. J Anim Sci, 86 (1): 226-234.

GAULY M, BOLLWEIN H, BREVES G, et al, 2013. Future consequences and challenges for dairy cow production systems arising from climate change in Central Europe-a review. Animal, 7 (5): 843-859.

GEBREMEDHIN K G, HILLMAN P E, LEE C N, et al, 2008. Sweating rates of dairy cows and beef heifers in hot conditions. Transactions of the ASABE, 51 (6): 2167-2178.

GERRITS W, and LABUSSIÈRE E, 2015. Indirect calorimetry: Techniques, computations and applications. Wageningen Academic Publishers.

HANDBOOK A F, 2009. American society of heating, refrigerating and air-conditioning engineers. Inc.: Atlanta, GA, USA 59.

HERBUT P, HOFFMANN G, ANGRECKA S, et al, 2021. The effects of heat stress on the behaviour of dairy cows-a review. Ann Anim Sci, 21: 385-402.

HILL D L, and WALL E, 2015. Dairy cattle in a temperate climate: the effects of weather on milk yield and composition depend on management. Animal, 9 (1): 138-149.

HILL D L, and WALL E, 2017. Weather influences feed intake and feed efficiency in a temperate climate. J Dairy Sci, 100 (3): 2240-2257.

IGONO M, and JOHNSON H, 1990. Physiologic stress index of lactating dairy cows based on diurnalPattern of rectal temperature. Biol Rhythm Res, 21 (4): 303-320.

KADZERE C, MURPHY M, SILANIKOVE N, et al, 2002. Heat stress in lactating dairy cows: a review. Livest Sci, 77 (1): 59-91.

KAUFMAN J D, SAXTON A M, and RÍUS A G, 2018. Short communication: Relationships among temperature–humidity index with rectal, udder surface, and vaginal temperatures in lactating dairy cows experiencing heat stress. J Dairy Sci, 101 (7): 6424-6429.

KNMI, 2019. Hourly data for the weather in the Netherlands. Accessed Oct. 1, 2019.

LI G, CHEN S, CHEN J, et al, 2020. Predicting rectal temperature and respiration rate responses in lactating dairy cows exposed to heat stress. J Dairy Sci, 103 (6): 5466-5484.

LINVILL D E, and PARDUE F E, 1992. Heat stress and milk production in the South Carolina Coastal Plains1. J Dairy Sci, 75 (9): 2598-2604.

MAJKIĆ M, CINCOVIĆ M R, BELIĆ B, et al, 2017. Relationship between milk production and metabolic adaptation in dairy cows during heat stress. Acta Agriculturae Serbica, 22 (44): 123-131.

MCARTHUR A J, 1987. Thermal interaction between animal and microclimate: a comprehensive model. J Theor Biol, 126 (2): 203-238.

MCGOVERN R E, and BRUCE J M, 2000. AP—animal production technology: a model of the thermal balance for cattle in hot conditions. J Agric Eng Res, 77 (1): 81-92.

MOUNT L E, 1979. Adaptation to thermal environment. Man and his productive animals. Edward Arnold (Publishers) Ltd., London.

MULLICK D N, 1960. Effect of humidity and exposure to sun on the pulse rate, respiration rate, rectal temperature and haemoglobin level in different sexes of cattle and buffalo. J Agric Sci, 54 (3): 391-394.

NRC, 1971. A guide to environmental research on animals. National Academies.

PENG D, CHEN S, LI G, et al, 2019. Infrared thermography measured body surface temperature and its relationship with rectal temperature in dairy cows under different temperature-humidity indexes. Int J Biometeorol, 63 (3): 327-336.

PINTO S, HOFFMANN G, AMMON C, et al, 2020. Critical THI thresholds based on the physiological Parameters of lactating dairy cows. J Therm Biol, 88: 102523.

PINTO S, HOFFMANN G, AMMON C, et al, 2019. Effect of two cooling frequencies on respiration rate in lactating dairy cows under hot and humid climate conditions. Ann Anim Sci 1 (ahead-of-print).

POLSKY L, and von KEYSERLINGK M A G, 2017. Invited review: Effects of heat stress on dairy cattle welfare. J Dairy Sci, 100 (11): 8645-8657.

RAVAGNOLO O, MISZTAL I, and HOOGENBOOM G, 2000. Genetic component of heat stress in dairy cattle, development of heat index function. J Dairy Sci, 83 (9): 2120-2125.

ROBBINS K, SAXTON A, and SOUTHERN L, 2006. Estimation of nutrient requirements using broken-line regression analysis. J Anim Sci, 84 (suppl_13): E155-E165.

SCHÜLLER L K, BURFEIND O, and HEUWIESER W, 2014. Impact of heat stress on conception rate of dairy cows in the moderate climate considering different temperature-humidity index thresholds, periods relative to breeding, and heat load indices. Theriogenology, 81 (8): 1050-1057.

SILANIKOVE N, 2000. Effects of heat stress on the welfare of extensively managed domestic ruminants. Livest Prod Sci, 67 (1): 1-18.

SILVA R G D, and MAIA A S C, 2011. Evaporative cooling and cutaneous surface temperature of Holstein cows in tropical conditions. Rev Bras Zootec, 40 (5): 1143-1147.

SPIERS D E, SPAIN J N, ELLERSIECK M R, et al, 2018. Strategic application of convective cooling to maximize the thermal gradient and reduce heat stress response in dairy cows. J Dairy Sci, 101 (9): 8269-8283.

SUNAGAWA K, NAGAMINE I, KAMATA Y, et al, 2015. Nighttime cooling is an effective method for improving milk production in lactating goats exposed to hot and humid environment. Asian-Australas J Anim Sci, 28 (7): 966-975.

VITALI A, SEGNALINI M, BERTOCCHI L, et al, 2009. Seasonal Pattern of mortality and relationships between mortality and temperature-humidity index in dairy cows. J Dairy Sci, 92 (8): 3781-3790.

WANG X, BJERG B S, CHOI C Y, et al, 2018. A review and quantitative assessment of cattle-related thermal indices. J Therm Biol, 77: 24-37.

WEST J, MULLINIX B, and BERNARD J, 2003. Effects of hot, humid weather on milk temperature, dry matter intake, and milk yield of lactating dairy cows. J Dairy Sci, 86 (1): 232-242.

WEST J W, 2003. Effects of Heat-Stress on Production in Dairy Cattle. J Dairy Sci, 86 (6): 2131-2144.

WU B, GOOCH C, and WRIGHT P, 2016. Verification and recommendations for cooling fans in freestall dairy barns. Page 1 in 2016 ASABE Annual International Meeting. ASABE, St. Joseph, MI.

YAN G, LIU K, HAO Z, et al, 2021. The effects of cow-related factors on rectal temperature, respiration rate, and temperature-humidity index thresholds for lactating cows exposed to heat stress. J Therm Biol, 100: 103041.

ZIMBELMAN R, RHOADS R, RHOADS M, et al, 2009. A re-evaluation of the impact of temperature humidity index (THI) and black globe humidity index (BGHI) on milk production in high producing dairy cows. Pages 158-169 in Proc. Proceedings of the Southwest Nutrition Conference (ed. RJ Collier).

第3章

热应激对奶牛体表、呼吸散热量的影响

3.1 引言

奶牛是一种恒温动物，热量调节是维持奶牛体温的重要机制。动物和环境之间的热传递有两种模式，显热（非蒸发）和潜热（蒸发）损失。在一定的环境温度（Air temperature，AT）下，由于皮肤表面温度与环境温度（物体和空气）的差异，热量主要通过显式方式损失。随着环境温度的增加，显热损失显著转变为潜热损失（Maia 和 Loureiro，2005）。在高温的条件下，呼吸速率和出汗频率增加是动物表现出的两种主要自主反应（Gebremedhin 等，2008）。奶牛具有非常有效的排汗能力（Mount，1979），在高产量的养殖中，排汗过程对帮助奶牛保持热量平衡至关重要。Maia 等（2005）发现，在20℃之前，奶牛的呼吸热损失随环境 AT 线性增加，当环境 AT 超过25℃时，呼吸热损失呈指数增长。出汗促进了皮肤表面的蒸发热损失，在高环境 AT 下，可占总潜热损失的 87.9%（Santos 等，2017）。

然而，关于总热损失中每一个单一成分的绝对贡献的信息是稀缺的。有多少热量是通过感觉途径和潜在途径损失的，有多少热量是通过呼吸和皮肤表面损失的？皮肤的潜热损失（Latent heat loss，LHL）可能受到潜在蒸发速率阈值的限制，这意味着并非所有产生的汗水都能被蒸发出去进行散热。了解不同环境条件下显热损失（Sensible heat loss，SHL）和 LHL 之间的转换将有助于有效地应用冷却系统。众所周知，水的蒸发速率可能受到环境空气的相对湿度的限制（Berman，2009），因此，在不同相对湿度（Relative humidity，RH）和风速（Air velocity，AV）水平下增加 AT 对调整传热路线的影响的信息是非常重要的。本研究的目的是确定环境条件（AT、RH 和 AV）和暴露时间对荷斯坦奶牛皮肤表面和呼吸的潜热和感热损失的影响。我们的假设是，显热和潜热损失的水平和比例将随着环境温度的升高而变化，这种变化受 RH、AV 和暴露时间（长短）的影响。

3.2 材料和方法

3.2.1 试验动物

该试验于 2021 年进行，试验程序得到了荷兰瓦赫宁根大学动物护理和使用委员会的批准，并根据荷兰动物实验法（项目号 2019.D-0032）进行。本试验共采用 20 头荷斯坦黑白花奶牛，平均日产奶量为（30.0±4.7）kg/d，泌乳天数（206±39）d，体重（687±46）kg，胎次 2.0±0.7，其中 19 头奶牛怀孕（105±38）d。首先根据胎次和预期产奶量，奶牛被分成 4 组，每组 5 头。同一个组内的每头牛都被随机分配到 5 个处理组中的一组（表 3-1）。不同处理组奶牛的体重、日产奶量、胎次、泌乳天数和怀孕天数如表 3-2 所示。奶牛通过固定在限位栏前的饲料槽自由摄取饲料，通过饮水碗自由喝水。所有奶牛都采用相同的喂养方案，每天在 05:00 和 15:30 喂料 2 次（表 2-2），根据荷兰体系（CVB，2008）配制的日粮满足或超过泌乳荷斯坦奶牛的营养需求。每天为每头奶牛提供的饲料量进行调整，保证至少 5% 的剩余量（未食用饲料）。

表 3-1 在呼吸代谢气候舱中使用的温度、相对湿度和风速处理参数

处理组别[1]	温度（T,℃）		相对湿度（RH,%）		风速（AV, m/s）
	22:00—07:00[2]	10:00—19:00	22:00—07:00	10:00—19:00	09:00—21:00
RH_l * AV_l	7—21[3]	16—30	50	30	风机关
RH_m * AV_l	7—21	16—30	70	45	风机关
RH_h * AV_l	7—21	16—30	90	60	风机关

（续表）

处理组别[1]	温度（T,℃）		相对湿度（RH,%）		风速（AV, m/s）
	22:00—07:00[2]	10:00—19:00	22:00—07:00	10:00—19:00	09:00—21:00
RH_m * AV_m	9—23	18—32	70	45	风机开，速度1
RH_m * AV_h	9—23	18—32	70	45	风机开，速度2

[1] 共5个处理组，分别代表不同的温度、相对湿度和风速组合。
[2] 22:00—07:00 为夜间时段，从22:00至次日07:00；10:00—19:00 为白天时段，从当天的10:00至19:00；09:00—21:00 表示第一次CRC在同一天从09:00持续到当天21:00；第二次CRC的所有控制参数都有1h的延迟。
[3] 7—21 表示第1天夜间气温为7℃，第8天夜间气温为21℃；16—30（或18—32）表示白天第1天气温为16℃（或18），第8天气温为30℃（或32）。

表3-2 试验奶牛的分组信息

项目	处理组别				
	Ⅰ RH_l * AV_l	Ⅱ RH_m * AV_l	Ⅲ RH_h * AV_l	Ⅳ RH_m * AV_m	Ⅴ RH_m * AV_h
体重/kg	695±54	671±52	667±41	721±50	680±29
产奶量/(kg/d)	27.2±7.2	30.8±3.9	29.0±6.9	32.0±1.9	30.9±2.0
胎次	2.3±0.5	2.3±0.5	2.5±1.0	2.8±1.0	2.5±0.6
泌乳天数/d	212±35	192±40	182±54	227±31	215±35
怀孕天数/d	100±27	116±20[1]	85±60	104±30	120±48

[1] 处理Ⅱ有1头未怀孕的奶牛。

试验开始之前，在距离气候控制呼吸室（Climate-controlled respiration chamber, CRC）约2km的设施中对奶牛进行了为期7d的适应。在驯化期间，奶牛被安置在单独的捆绑畜栏中，拴上笼头，由动物饲养员经常观察，并接受试验饮食。在适应环境后，奶牛被转移到CRC，在那里它们开始了三维适应期，在此期间，除了接受喂养和挤奶外，研究人员每天2次观察奶牛。在每次观察期间，对牛进行模拟数据收集操作，以了解它们的个体性情，并让牛熟悉实际的数据收集活动。在CRC中，奶牛还可以通过透明的窗户看到和听到其他奶牛。每头牛都在CRC中接受了8d的试验期，包括AT、RH和AV的组合治疗。

3.2.2 试验设备

在这个试验中，使用了两个相同的CRC。每个CRC被分成两个独立的密封隔间，配有透明窗户的薄壁允许两头奶牛进行声音和视觉接触，从而最大限度地减少社会隔离对它们行为的影响。每个隔间的面积为 12.8m^2，体积为 34.5m^3，详情可参见 Gerrits 和 Labussière（2015）。对于每个隔间，RH 由一个相对湿度传感器（Novasina Hygrodat100，Novasina AG，Lachen，瑞士）实时不间断监测，AT 由 5 个 PT100 温度传感器（Sensor Data BV，Rijswijk，荷兰）监测，均匀分布在近似奶牛的高度上，如图 3-1 所示。对于气候控制，使用所有温度传感器的中值，以排除潜在偏差值的不成比例影响。试验处理的 RH 是通过加湿器（ENS-4800-P，Stulz）或除湿器（koeltechniek，Nijssen）来实现的。循环空气根据与设定值温度的偏差进行加热或冷却。高 AV 是使用专业风扇（直径 500mm，型号 8879，HBM Machines BV，荷兰）固定在房间的天花板上（在离地板 2.5m 的高度）实现的，如图 2-1 所示，风从后到前吹在牛体的轴向体长上。室内人工照明（390～440lx）每天 16h（05：00—21：00 CRC 1，06：00—22：00 CRC 2），夜间（21：00—05：00 CRC 1，22：00—06：00 CRC 2）明显调暗（35～40lx）。

3.2.3 试验设计

基于荷兰国家气象局的历史数据模拟了 CRC 内的环境条件的变化规律，这是荷兰夏季天气的典型昼夜模式。然后将白天（07：00—19：00）和夜间（19：00—07：00）的环境 AT 和 RH 数据耦合到 CRC 气候控制中，并对 5 个不同处理组进行编程（表 3-1，图 2-2）。

在 CRC 内前 3d 适应期的 AT、RH 和 AV 条件设置和控制与相应试验期第一天相同，8d 的试验期在 3d 适应后立即开始。CRC 室内的环境温度在夜间和白天逐渐升高（夜间和白天温度每天递增 2℃），如图 3-2 所示。试验处理包括 3 个 RH 水平和 3 个 AV 水平，如表 3-1 所示。夜间 AV 保持自然速度（AV_l：0.1m/s）。白天，AV_l（低）：0.1m/s；AV_m（中）：1.0m/s；AV_h（高）：1.5m/s。AV_m 和 AV_h 的环境温度比 AV_l 高 2℃（18℃～32℃）。根据历史数据（KNMI，2019），夏季白天的 RH 在中等水平范围内。此外，为了节省试验动物数量（2021© OIE-Terrestrial Animal Health Code），AV_m 和 AV_h 仅与 RH_m 组合。更详细的描述可以在之前的研究中找到（Zhou 等，2022）。由于 CRC 中冷却系统的能力限制，环境的 AT 和 RH 需要 3h 的时间跨度才能被调整到一个新的水平。因此，白天的新环境条件在10：00（设定在07：00）达到，夜间环境条件在22：00（设定在19：00）达到。

3.2.4 数据采集

考虑到研究人员在2个CRC对奶牛连续进行数据采集过程中的时间差，两个舱之间关于AT、RH、AV、光照设置、喂料和挤奶的变化有1h的时间差。当奶牛暴露于新的稳定AT水平1h内定义为短的暴露时间（采集数据的时间点），暴露于新的AT水平超过8h则为长的暴露时间。

CRC内环境监测。每隔30s自动连续记录环境AT和RH。使用手持风速计（Testo 5-412-983，Testo SE & Co. kgaA），在距离牛体表约5cm的5个位置测量AV：颈部、脊柱中部和臀部以及躯干两侧。

散热量测量。使用与Gebremedhin等（2008）描述的相似的通风箱（图3-1a）测量皮肤表面的热损失。通风箱设计：①箱体（内尺寸为长×宽×高：200mm×99mm×32mm），箱体的进、出口分别安装两个温度、RH传感器（SHT85，Sensirion）；②吸气泵，吸气泵连接在箱体出口处；③用两根长皮带包裹在牛的中间躯干上，以确保箱体密封地安装在牛的皮肤表面。空气通过通风箱的速度被调整为与CRC内的AV相似。每头奶牛的数据以1s的间隔自动记录在笔记本电脑上，持续10min。这些数据包括对进出空气温度、相对湿度和气流速率的测量。

使用面罩和鼻杯测量呼吸热损失（图3-1b和图3-1c）。面罩由进气阀和出气阀组成。3个气流传感器（Mass Flow SFM 3000，Sensirion）安装在出气阀门旁边，这些传感器测量奶牛呼出气体的流速，以每0.1s的频率采集5min的数据。通过将鼻杯罩在牛的两个鼻孔中的一个上测量呼出的空气温度。鼻杯由两个主要部件组成：一个绝热杯体和一个温度和湿度传感器（Testo 06369735，Testo）。在绝热杯体上装有两个阀门，在奶牛吸气时关闭，只允许呼出的空气流出；用于测量呼出空气的温度和相对湿度。测量时间平均为（5±2）min，取决于呼出空气温度达到稳定状态（振荡±0.1℃）的速度。该测量假设仅对一个鼻孔进行采样时，不会导致气流阻力的变化，并且测量值对两个鼻孔都具有代表性。

仪器校准。在每一轮测试结束后，装有传感器的通风箱、面罩和鼻杯都在瓦赫宁根大学的空气质量实验室内的小型气候舱进行校准。面罩测量的奶牛呼气量使用人造参考牛胃进行校准（Wu等，2015），该参考牛胃

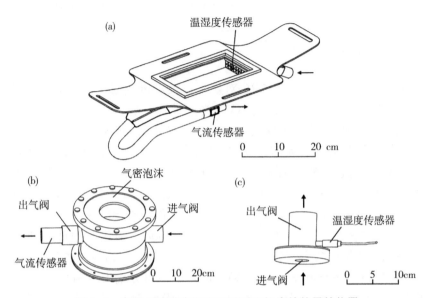

图 3-1 测量从皮肤表面和通过呼吸损失的热量的仪器

（a）通风箱，两侧各有两个温度和相对湿度传感器，出口管上有一个气流传感器；（b）面罩，两侧各有一个进、出气阀，保证呼出的空气只能通过气流传感器；（c）鼻杯，该杯由绝缘材料制成，因此对环境的热量损失很小。

由铝制圆柱体组成，用于在校准过程中提供标准的潮气量，其潮气量是通过圆柱体直径和作动器行程长度来确定的。通过将面罩连接在人造参考牛胃上，调整作动器行程长度，可以校准不同标准潮气量下的空气流量计测量得到的空气流量。

数据处理与计算。根据进气和出气的性质差异，计算出采样区域的净热损失或净热增益。皮肤表面潜热损失由：

$$LHL_s = \frac{Q_{e\_out} - Q_{e\_in}}{A_{sample}} \qquad 式 3-1$$

式中，LHL_s 为皮肤表面潜热损失（W/m²）；Q_e 为进/出风所含的蒸发热（W）；A_{sample} 为通风箱的面积（0.0198m²）。

Q_e 为：

$$Q_e = \lambda \cdot V \cdot \rho \cdot w \qquad 式 3-2$$

式中，λ 为水汽化热（J/g 水）；V 为通过通风箱的气流速率（L/s）；ρ

为空气密度（g/L）；w 是湿度比（kg 水/kg 干燥空气）。

λ 随着空气温度的变化而变化：

$$\lambda = -0.0001 \cdot T^2 - 2.3607 \cdot T + 2503 \qquad 式 3-3$$

式中，T 为干球温度（℃）。

w 的计算公式如下：

$$w = \frac{0.6219 \cdot p}{(p_a - p)} \qquad 式 3-4$$

式中，p 和 p_a 分别为水蒸气压和气压（kPa）。本研究的气压为 101.325 kPa。用于计算 Q_e 的所有参数均基于在进口/出口测量的 T 和 RH，并根据 ASHRAE（2009）给出的方程计算。

皮肤感热损失由以下方法估计：

$$SHL_s = \frac{Q_{s\_out} - Q_{s\_in}}{A_{\text{sample}}} \qquad 式 3-5$$

其中，SHL_s 为皮肤表面感热损失（W/m²）；Q_s 为进/出空气中所含感热（W）。

Q_s 计算公式如下：

$$Q_s = h \cdot V \cdot \rho - Q_e \qquad 式 3-6$$

式中，h 为空气与蒸汽混合的焓（J/g）。

$$h = 1.006 \cdot T + w \cdot (\lambda + 1.86 \cdot T) \qquad 式 3-7$$

呼吸潜热损失由以下公式估算：

$$LHL_r = \frac{Q_{e\_exhaled} - Q_{e\_inhaled}}{A_{\text{body}}} \qquad 式 3-8$$

其中，LHL_r 为呼吸潜热损失（W/m²）；Q_e 为吸入/呼出空气所含的蒸发热（W）；A_{body} 是每头牛的体表面积（m²），是体重的函数（Brody，1945）。

确定 Q_e 为：

$$Q_e = \lambda \cdot \rho \cdot w \cdot V_{\text{tidal}} \cdot \frac{RR}{60} \qquad 式 3-9$$

式中，V_{tidal} 为潮气量（L/breath）；RR 为呼吸速率（次/min）。

根据 Brody（1945）计算：

$$A_{\text{body}} = 0.14 \cdot W^{0.57} \qquad 式 3-10$$

式中，W 为牛的体重（kg）。

通过呼吸产生的感热损失由以下公式估算：

$$SHL_r = \frac{Q_{s\_exhaled} - Q_{s\_inhaled}}{A_{body}} \qquad 式3-11$$

其中，SHL_r 为呼吸道感热损失（W/m²）；Q_s 为吸入/呼出空气中所含感热（W）。

Q_s 确定如下：

$$Q_s = h \cdot \rho \cdot V_{tidal} \cdot \frac{RR}{60} - Q_e \qquad 式3-12$$

3.2.5 数据统计分析

所有参数的分析均以奶牛为实验单位。统计分析在 SAS 9.4（SAS Institute Inc., Cary, NC）中进行。其中有一头接受试验处理Ⅳ：RH_m * AV_m 的奶牛因乳腺炎被终止实验。进行了探索性分析以表明数据的分布情况。采用 MIXED 程序研究了在 5 种不同的 RH 和 AV 组合下，在不同暴露时间下增加环境 T 的影响。在模型中考虑了重复测量，包括奶牛和实验日作为随机效应。每项分析都检验不同的协方差结构，并选择 AIC 值最小的协方差结构。线性回归模型为：

$$y_{ijk} = \mu_i + (a + b_i) \cdot T + cow_{ijk} + \varepsilon_{ijk} \qquad 式3-13$$

其中，y_{ijk} 是观测到的响应变量；μ_i 是每个处理水平的截距（$i = 1, \cdots, 5$）；a 和 b_i 分别是 AT 的回归系数和 AT 与第 i 个处理之间的相互作用；cow_{ijk} 是第 j 头奶牛在第 k 个试验日的随机效应；ε_{ijk} 是残差。采用 χ² 检验验证模型的显著性，采用图基检验（PDIFF）两两比较不同处理间、两暴露时间（短、长）的差异。通过使用 UNIVARIATE 程序检查残差分布（方差的齐性和正态性）来评估线性模型的模型假设。除非另有说明，$P \leq 0.05$ 为显著性。

3.3 研究结果

3.3.1 呼吸代谢气候舱内的环境条件

CRC 内的环境情况已在之前的研究中详细描述（Zhou 等，2022）。简而言之，日循环温度严格按照设定点保持恒定，偏差小于±0.50℃。如

图2-3所示，RH_l和RH_m一开始没有到达设定值，后来逐渐接近设定值。取5个测量点的平均值，计算奶牛体表周围的AV，得到AV_l（0.08±0.01）m/s、AV_m（1.14±0.30）m/s和AV_h（1.35±0.29）m/s。通风箱内部的平均AV为：AV_l（0.09±0.03）m/s、AV_m（0.82±0.27）m/s和AV_h（1.05±0.39）m/s。

3.3.2 奶牛体表热损失

图3-2给出了不同处理和暴露时间下皮肤显热和潜热损失的反应。综合18~30℃环境温度下皮肤表面的平均SHL，在不同RH水平下无显著差异（$P>0.05$），而皮肤SHL随AV的增加而增加（$P<0.05$）。长暴露时间组皮肤SHL高于短暴露时间组（$P<0.05$）；只有在AV水平中等（1.0m/s）的情况下，这种差异不显著（图3-2a和3-2b）。高RH水平下皮肤表面的平均LHL低于低、中RH水平（图3-5c）。低、中AV水平皮肤LHL无差异（$P>0.05$），均低于高AV水平（$P<0.05$）。在所有处理中，短、长暴露时间对皮肤LHL无显著性差异（$P>0.05$）。

皮肤SHL随环境AT的增加呈线性下降（图3-3）。皮肤SHL随环境T的增加而降低的速率在-6.28~-2.95W/（m²·℃），在-6.78~-2.97W/(m²·℃)。RH和AV对两种暴露时间下皮肤SHL降低率无显著交互作用（$P>0.05$）。

皮肤LHL随环境AT的增加呈线性增加（图3-4）。在短暴露时间下，增加速率在2.74~13.83W/（m²·℃），在长暴露时间下，增加速率在4.72~11.54 W/(m²·℃)。RH对两种暴露时间的增加速率均无显著交互作用。而在AV方面，高AV水平下的奶牛皮肤LHL的增加幅度大于低、中AV水平（$P<0.05$）。

3.3.3 奶牛呼吸热损失

在所有处理中，长暴露条件下奶牛通过呼吸损失的热量（SHL和LHL）均高于短暴露条件下的奶牛（图3-5；$P<0.10$）。呼吸SHL和LHL的回归线在不同RH和AV水平间无显著差异（$P>0.05$）。因此，后续分析使用了5种处理的综合结果。

随着环境AT的增加，呼吸SHL线性降低，呼吸LHL线性增加（图3-6）。在环境温度为16℃时，呼吸SHL为9.8W/m²，当环境温度增加到

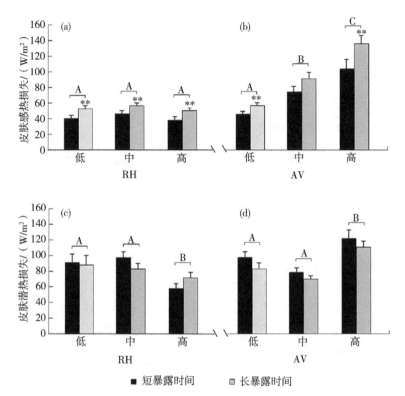

图 3-2　在不同相对湿度（RH）水平（低、中、高）和风速（AV）水平（低、中、高）下，在 18~30℃的环境温度范围内，在短、长暴露时间内，皮肤的平均感热损失（图 a 和 b，W/m²）和平均潜热损失（图 c 和 d，W/m²）

图中不同字母表示各处理间差异显著（Tukey-Kramer，$P<0.05$）。* 表示两次暴露时间之间有显著性差异（* $P<0.10$，** $P<0.05$，*** $P<0.01$）。误差条代表 SEM。

在低 AV 条件下研究 RH 效应，在中等 RH 条件下研究 AV 效应；图 a 和图 c 中的中等 RH 水平与图 b 和图 d 中的低 AV 水平是相同的处理。

32℃时，短暴露时间下的呼吸 SHL 下降到 5.3W/m²，长暴露时间下的呼吸 SHL 从 12.3W/m² 下降到 6.2W/m²。随着 AT 的增加，短暴露时间的呼吸 LHL 从 33.8W/m² 增加到 53.1W/m²，长暴露时间的呼吸 LHL 从 42.4W/m² 增加到 61.7W/m²。当 AT 从 16℃增加到 32℃时，短暴露时间和长暴露时间下，总呼吸热损失增加的百分比分别为 34% 和 24%。短暴露时间和长暴露时间下 SHL 的降低率分别为 0.38 和 0.28W/(m²·℃)，

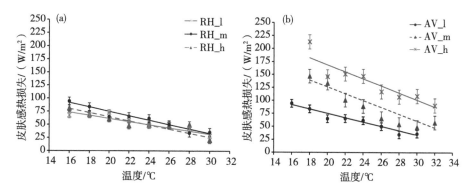

图 3-3 长暴露时间下皮肤表面感热损失与环境温度的关系 (a) 在相同风速水平 (0.1m/s)、3 种相对湿度水平 (RH_l、RH_m 和 RH_h: 30%、45% 和 60%) 和 (b) 在相同相对湿度水平 (45%)、3 种风速水平 (AV_l、AV_m 和 AV_h: 0.1、1.0 和 1.5m/s)

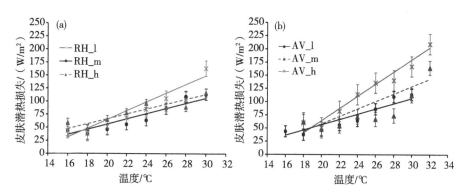

图 3-4 长暴露时间下皮肤表面潜热损失与环境温度的关系 (a) 在相同风速水平 (0.1m/s)、3 种相对湿度水平 (RH_l、RH_m 和 RH_h: 30%、45% 和 60%) 和 (b) 在相同相对湿度水平 (45%)、3 种风速水平 (AV_l、AV_m 和 AV_h: 0.1、1.0 和 1.5m/s)

而长暴露时间和短暴露时间下 LHL 的增加率相同 [1.21W/(m²·℃)]。

暴露在试验条件下的时间会影响呼出的空气温度 (图 3-7a; $P<0.05$)。当 AT 从 16℃ 增加到 32℃ 时，呼出空气温度增加 1.6℃（短暴露时间下从 35.0℃ 增加到 36.6℃，长暴露时间下从 35.4℃ 增加到 37.0℃；图 3-7a）。如图 3-7b 所示，暴露时间对呼吸量 (L/m) 的影响是，短暴

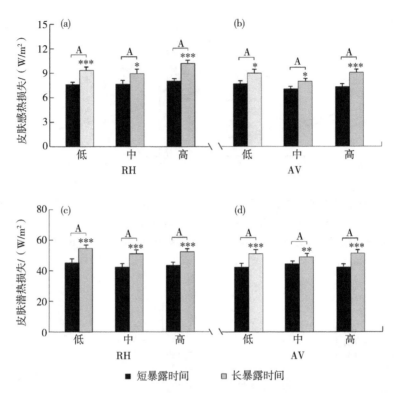

图 3-5 在 18~30℃的环境温度范围内,在不同相对湿度(RH)水平(低、中、高)和风速(AV)水平(低、中、高)的短、长暴露时间下,呼吸的平均感热损失

(图 a、b,W/m²)和呼吸的平均潜热损失(图 c、d,W/m²)。同一变量中不同字母表示处理间差异显著(Tukey-Kramer,$P<0.05$)。*表示两次暴露时间之间有显著性差异(* $P<0.10$,** $P<0.05$,*** $P<0.01$)。误差条代表 SEM。

在低 AV 条件下研究 RH 效应,在中等 RH 条件下研究 AV 效应;图 a 和图 c 中的中等 RH 水平与图 b 和图 d 中的低 AV 水平是相同的处理。

露时间(147~253L/min)时的呼吸量低于长暴露时间(187~301L/min)时的呼吸量。短暴露和长暴露时间下,环境 AT 每升高 1℃,呼吸量平均增加 6.8L/min。

3.3.4 两种热损失模式:通过皮肤和呼吸

随着 AT 的升高,皮肤表面热量损失和呼吸热量损失的分配也随之改变(图 3-8)。来自皮肤的总热量损失占总热量损失的主要份额(70%~

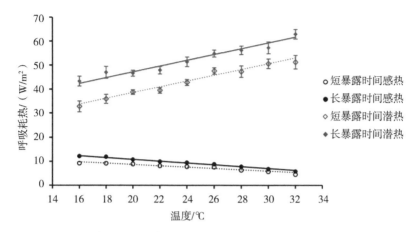

图3-6 通过呼吸耗散的显热（SHL_r；短暴露时间：$SHL_r = 14.22 - 0.28 \cdot T_a$；长暴露时间：$SHL_r = 18.46 - 0.38 \cdot T_a$）和潜热（$LHL_r$；短暴露时间：$LHL_r = 14.46 + 1.21 \cdot T_a$；长暴露时间：$LHL_r = 23.08 + 1.21 \cdot T_a$）在不同暴露时间下与环境温度的关系

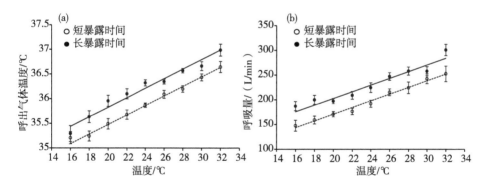

图3-7 （a）呼出气体温度（ExT，℃；短暴露时间：$ExT = 33.54 + 0.097 \cdot T_a$；长暴露时间：$ExT = 33.89 + 0.097 \cdot T_a$）和（b）呼吸量（$ResV$，L/min；短暴露时间：$ResV = 34.94 + 6.79 \cdot T_a$；长暴露时间：$ResV = 66.74 + 6.79 \cdot T_a$）在不同暴露时间下与环境温度的关系

80%），而通过呼吸的热量损失占20%~30%。总LHL占总热损失的49%~76%，随环境AT的增加而增加，总SHL占24%~51%，随环境AT的增加而降低，而呼吸SHL仅占总热损失的1.7%~6.5%。当环境AT高于20℃时，皮肤SHL下降，皮肤LHL起主导作用。

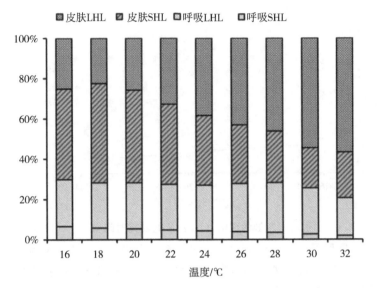

图 3-8 不同环境温度下奶牛皮肤潜热、皮肤显热、呼吸潜热和呼吸显热的相对热量损失

LHL 表示潜热损失，SHL 表示显热损失。

3.4 讨论

在本研究中，数据收集时间的设计在很大程度上避免了饲喂时间（05:00 和 15:30）的混淆效应。

3.4.1 奶牛体表热损失

在包括奶牛在内的恒温动物中，皮肤表面是动物与周围环境进行热量交换的重要器官。通过皮肤表面的热传递（包括损失和获得）可以通过对流、辐射、传导和蒸发发生。

在本试验设计中，排除了太阳辐射和传导（奶牛表面通过冷却床垫等行为接触较冷表面）的短波辐射方式。一般来说，在高温和阳光充足的天气下，奶牛会待在牛舍内或尽量待在阴凉处。当没有遮阳时，热应激可能比这个试验研究的条件要严重得多。皮肤表面与周围空气之间的温差在皮肤表面显热的损失中起着重要作用。在一定的环境温度下，奶牛主要通过非蒸发的方式散热（Mount，1979；Maia 和 Loureiro，2005）。皮肤 SHL 与环境 AT 之间的负相关关系与以往的研究一致（Mount，1979；Maia 和 Loureiro，2005；Thompson 等，2014）。在 Maia 和 Loureiro（2005）的研究中，0.1~5m/s AV 范围内，降低速率为 7.35W/(m^2·℃)。在我们的研究中，低 AV（0.1m/s）的值是其两倍。因此，需要考虑除温差之外的因素，如 RH 和 AV。皮肤 SHL 随着 AV 的增加而增加；我们的研究表明，在高 AV（2.0m/s）时，皮肤 SHL 的数量可能是低 AV（0.1m/s）时的两倍。Spiers 等（2018）证实了 AV 对皮肤 SHL 的巨大影响，他们发现在 23.8℃ 时没有风机，在 33.2℃ 时有风机，皮肤 SHL 都保持相似。我们的研究还发现，随着环境 AT 的增加，与低/中等 AV 水平相比，高 AV 水平下皮肤 SHL 下降得更快，这表明在高温条件下高风速的效果减少了。本研究未发现 RH 对皮肤 SHL 有影响。人们可能会认为，在高 AT 下，RH 会影响皮肤温度，从而在皮肤 SHL 中发挥作用。Zhou 等（2022）发现，在相同的环境 AT 条件下，60%RH 条件下的皮肤温度（4 个不同皮肤部位的平均值）明显高于 30% 和 45%RH 条件下的皮肤温度，导致 60%RH 条件下皮肤表面与空气之间的温差更大，因此，皮肤 SHL 更大。可能的原因是，在之前的研究中，皮肤温度是在 4 个不同部位测量的平均皮肤温度，而在本研究中，皮肤 SHL 仅在腹部的一个小区域（放置通风箱的位置）测量。暴露时间较长时，皮肤 SHL 高于暴露时间较短时。这种效应可能是由于长暴露时间时皮肤温度较高所致（Zhou 等，2022）。

从生物学的角度来看，皮肤 LHL 预期存在渐近线关系，因为皮肤总有最小的水分蒸发量（Kadzere 等，2002）。然而，由于我们的试验设置，在较低的环境 AT 范围内没有足够的点来估计这条渐近线，并且根据 Johnson 和 Vanjonack（1976），蒸发热损失在 16.6~18.3℃ 开始显著增加。在测量的环境 AT 范围内，线性关系显示出最佳拟合。在高温条件下，奶牛必须增加皮肤 LHL 以弥补较低的 SHL，从而维持热平衡（Gebremedhin 等，2008）。在低 RH（30%）时，奶牛的皮肤 LHL 比高 RH 水平时更高。在较高的 RH 条件下，汗液不能完全蒸发，因为出汗率高于潜在（最大）蒸发率（Berman，2009）。Gebremedhin 等（2010）研究了 1m/s AV 下的热、湿和太阳负荷对奶牛排汗率的影响，并报道说，在热和干燥条件下（THI 79.6；35.1℃—23.1% RH）比在温暖和潮湿条件下（THI

79.6：29.1℃—69.2% RH）排汗率更高。当 RH 较高时，皮肤表面与周围空气之间的水分梯度减小，从而降低蒸发冷却的效果。这与我们的发现一致。虽然奶牛在不同的 RH 水平下可能有相似的出汗率，但较高的 RH 会降低水分蒸气压差，因此，根据热力学的基本原理（Berman，2006），蒸发量会更低。此外，由于在高 AT 条件下产奶量减少，奶牛的代谢产热也会减少（Zhou 等，2022），因此与其他条件相比，在高 RH 条件下，奶牛需要损失的皮肤 LHL 更少。我们的结果与先前的研究一致，即在高 RH 水平下皮肤蒸发减少（McLean，1963；Maia 和 Loureiro，2005；Gebremedhin 等，2008）。大多数现有的热损失模型都使用皮肤温度作为唯一的自变量来估计皮肤 LHL（Gatenby，1986；Thompson 等，2011；Nelson 和 Janni，2016）。然而，我们发现，在 AT 高于 20℃ 时，尽管奶牛的皮肤温度相似，但在高 AV（1.5m/s）下，奶牛的皮肤 LHL 耗散量比在中等 AV（1.0m/s）下更多（图 3-7b；Zhou 等，2022）。这意味着，一旦皮肤表面的水被去除，奶牛在温暖的条件下能够增加出汗率。我们的观察也证实了 Adams 等（1992）及 Nadel 和 Stolwijk（1973）在人类身上的发现，当皮肤表面干燥时，出汗率会增加。这可能是因为当水很容易从皮肤蒸发时，例如通常发生在 AV 高的时候，渗透梯度保持不变，在任何程度的出汗驱动下，水都可以更积极地从内部流向皮肤表面（Peiss 等，1956）。有趣的是，在本研究中，低 AV 组和中 AV 组的皮肤 LHL 没有明显差异。其原因可能是中等 AV 的影响不足以弥补低皮肤温度对出汗率的影响；换句话说，低 AV 的奶牛皮肤温度高，因此出汗率高；而中 AV 的奶牛皮肤温度低，但 AV 高，因此出汗率高。建议进一步研究 AV 对出汗机制的影响。

实际的畜舍条件下，监测环境条件（如 AT、RH 和 AV）对实时减少奶牛热应激的干预措施很重要。环境空气的蒸发冷却也会受到一些限制，因为高 RH 会降低皮肤的 LHL，特别是在潮湿的气候中（Berman，2009）。在这种情况下，如果相对湿度和环境温度都过高（如亚热带地区），只有较高的空气速度对散热并无帮助。当出汗率低于潜在蒸发率时，特别是在干燥气候条件下（Chen 等，2020），使用喷头结合强制通风的皮肤冷却是皮肤蒸发散热的较好解决方案。

根据 da Silva 等（2012）的研究，奶牛皮肤表面的不同部位有不同的出汗率水平。在本研究中，我们只测量了小范围内的 LHL，这并不能代表整个体表的 LHL。为了验证这一点，总蒸发热损失计算是必要的，类似于Huynh 等（2007）对猪所做的计算，其中作者根据 CRC 的进出空气计算了总水平衡。此外，通风箱内的 AV 与周围奶牛的 AV 保持一致是不现实的。我们测量了 5 个点的 AV，发现在臀部附近 AV 最高，在侧面 AV 最低；因此，我们在通风箱内的 AV 通常比在腹部上方流动的真实 AV 高。因此，这可能改变了皮肤 SHL 和 LHL。Gebremedhin 等（2010）和 Liang 等（2009）观察到奶牛以循环方式出汗；在奶牛的排汗过程中，有一个充盈期和一个分泌期。他们报道说，在 5h 内相同的环境条件下，出汗率随时间而变化。在我们的研究中，我们测量了 10min 的皮肤 LHL，使用其中的后 5min 的结果用于分析。在前 5min，奶牛适应了通风箱。出汗周期可能取决于奶牛的活动、喂养和挤奶周期，因为在我们的研究中，这些都是相似的，所以可以假设我们的奶牛或多或少处于出汗周期的同一阶段。然而，我们研究中的测量时间可能不能代表全天的平均出汗率。

3.4.2 奶牛呼吸热损失

呼吸 SHL 在呼吸总热损失中所占的比例相当小，而且从绝对意义上讲，随着 AT 的升高，呼吸 SHL 的绝对值（12.3~6.2W/m²）是 Maia 等（2005）研究中报告的值（5.5~2.4W/m²）的两倍，环境温度范围为 16~32℃。呼吸 LHL 随着环境 AT 的增加而增加，长暴露时间时呼吸 SHL 和 LHL 都较高，很可能是由于长暴露时间后呼吸频率和直肠温度较高所致（Zhou 等，2022a）。呼吸 SHL 和 LHL 值与其他研究不同（Maia 等，2005；Santos 等，2017）：特别是在凉爽条件下，本研究的呼吸 LHL 值要高得多。这可以用我们测量呼出空气温度和呼吸量的方法来解释。奶牛吸入的空气温度迅速接近体温，当空气进入肺部时达到体温，并被水蒸气饱和。当空气向外流时，它会与上呼吸道交换一些热量；这将降低温度和含水量，同时保持饱和的水蒸气（Walker 等，1962）。在本研究中，所有测量的呼出空气 RH 均为 100%，这与一些关于人体呼吸道的经典研究相一致（Cole，1953；Walker 等，1962）。在我们的研究中，鼻杯测量的呼出空气温度远高于其他研究（Donald，1981；Maia 等，2005），特别是在低AT 条件下。这里的测量方法非常重要，因为在其他研究中，呼出的空气很容易与环境空气混合。Maia 等（2005）通过在面罩的出口阀门上放置温度计来测量呼出的空气温度，在那里测量的空气已经成为呼出空气和环境空气的混合物。da Silva 等（2012）也使用了类似的方法，他们把一个小温度计放在牛的鼻孔里，直接测量呼出的空气温度。此外，温度计需要时间来响应，而呼出的空气可能在体温计捕捉到真实温度之前已经迅速扩散到环境中。因此，我们在本研究中使用的鼻杯似乎更可靠地测量出准确的呼出空气温度。这可以解释为什么以前的研究低估了呼出空气温度，特别是在低环境 AT 下。在环境温度为 16℃时，最低呼出空气温度为 25℃，而我们在 16℃时测量到的最低呼出空气温度为 34.3℃。在长暴露时间下，呼出的空气温度较高，可能是由于暴露在高环境 AT 条件下的时间较长，奶牛的体温较高（Zhou 等，2022）。

本研究采用面罩测量呼吸频率和潮气量。尽管有 3d 的适应期，但面罩对奶牛的呼吸行为仍有一定的影响。可能是由于面罩内阀门的阻力，我们注意到，在不戴面罩的期间，用面罩测量的呼吸速率比从侧翼运动中计算的呼吸速率要低。奶牛在戴上面罩时呼吸频率降低，同时也伴随着更深的呼吸，可能是为了克服面罩带来的阻力。Maia 等（2005）也发现了呼吸速率与潮气量之间的负相关关系。这就是为什么我们以 L/min（呼吸频率乘以潮气量）为单位研究呼吸量，而不是单独研究潮气量，假设呼吸量受面罩的影响较小。

在本研究中，我们没有看到 RH 或 AV 对呼吸热损失的明显影响。根据 Berman（2006）的研究，RH 的升高可以减少呼吸失水，但 RH 的最大影响达到 40% 左右，较高的 RH 并不能进一步减少呼吸失水。我们的实验 RH 最低水平为 30%，不同 RH 水平对呼吸 LHL 的影响很小。实际上，总呼吸热损失并没有像以前的研究（da Silva 等，2012；Santos 等，2017）中估计的那样快速增加，因为正如前面讨论的那样，这些作者在较低的环境 AT 范围内测量的呼出空气温度较低。呼吸频率或呼吸量的增加主要是为了抵消环境 AT 与呼出空气温度之间温度梯度的减小。在高环境 AT 条件下，皮肤 LHL 约占总 LHL 的 75%，其余为呼吸 LHL。皮肤 LHL 的增加减少了在高环境 AT 下对非常高的呼吸速率的需求，从而减少了呼吸性碱中毒可能引起的问题（da Silva 等，2012）。

总体而言，本研究结果表明，SHL 随着环境 AT 的增加而降低，而 LHL 的增加得到补偿。强制通风应足够强（AV>1.0m/s，45% RH），以改善汗液的蒸发，并在环境 AT 高时触发汗液从皮下汗腺输送到皮肤表面。汗液蒸发产生的蒸发冷却受到汗液产生量、高 RH 和低 AV 的限制。

为了提高皮肤 LHL，建议在出汗率低时将强制通风与动物皮肤表面的湿润结合起来。在皮肤表面流动地增强的 AV 使潜在蒸发速率足够高，皮肤表面的 LHL 对周围空气 RH 的依赖程度降低。除了前面提到的本研究的重要结果外，更好地了解荷斯坦奶牛在环境条件（AT、RH 和 AV）影响下的不同热损失路径模式，对进一步发展现有的机械热平衡模型也具有重要意义。该模型可为有效实施热应激缓解方法提供依据。

3.5 小结

当环境温度低于 20℃ 时，潜热损失约占总热损失的 50%，其余为显热损失。在温暖条件下，当环境 AT 高于 28℃ 时，蒸发成为热损失的主要途径，占总热量损失的 70%~80%。随着环境温度的升高，皮肤显热损失减少，皮肤潜热损失增加。AV 对皮肤感热损失和潜热损失均有正向影响。呼吸热损失占总热损失的 20%~30%，当环境温度从 16℃ 上升到 32℃ 时，呼吸热损失在短暴露和长暴露时间下分别增加 34% 和 24%。奶牛暴露在温暖环境中较长时间（1 h vs. 8 h），通过呼吸损失的皮肤表面显热和总热更多，建议研究 RH 和 AV 对热量损失的相互作用。

参考文献

ADAMS W C, MACK G W, LANGHANS G W, et al, 1992. Effects of varied air velocity on sweating and evaporative rates during exercise. J Appl Physiol, 73 (6): 2668-2674.

ASHRAE Handbook, 2009. ASHRAE Handbook: fundamentals. Vol. 59. Atlanta, GA: American Society of Heating, Refrigeration and Air-Conditioning Engineers.

BERMAN A, 2006. Extending the potential of evaporative cooling for heat-stress relief. J Dairy Sci, 89 (10): 3817-3825.

BERMAN A, 2009. Predicted limits for evaporative cooling in heat stress relief of cattle in warm conditions. J Anim Sci, 87 (10): 3413-3417.

BRODY S, 1945. Bioenergetics and growth; with special reference to the efficiency complex in domestic animals. Bioenergetics and growth; with special reference to the efficiency complex in domestic animals. Reinhold, Oxford, England.

CHEN E, NARAYANAN V, PISTOCHINI T, et al, 2020. Transient simultaneous heat and mass transfer model to estimate drying time in a wetted fur of a cow. Biosyst Eng, 195: 116-135.

COLE P, 1953. Further observations on the conditioning of respiratory air. JLO, 67 (11): 669-681.

CVB, 2008. CVB Table Ruminants 2008, series nr. 43. CVB, The Hague, The Netherlands.

DA SILVA R G, MAIA A S C, DE MACEDO COSTA L L, et al, 2012. Latent heat loss of dairy cows in an equatorial semi-arid environment. Int J Biometeorol, 56 (5): 927-932.

DONALD G S, 1981. A Model of Respiratory Vapor Loss in Holstein Dairy Cattle. Transactions of the ASAE, 24 (1): 151-0153.

GATENBY R M, 1986. Exponential relation between sweat rate and skin temperature in hot climates. J Agric Sci, 106 (1): 175-183.

GEBREMEDHIN K G, HILLMAN P E, LEE C N, et al, 2008. Sweating rates of dairy cows and beef heifers in hot conditions. Transactions of the ASABE, 51 (6): 2167-2178.

GEBREMEDHIN K G, LEE C N, HILLMAN P E, et al, 2010. Physiological responses of dairy cows during extended solar exposure. Transactions of the ASABE, 53 (1): 239-247.

GERRITS W, and LABUSSIÈRE E, 2015. Indirect calorimetry: Techniques, computations and applications. Wageningen Academic Publishers.

HUYNH T T T, AARNINK A J A, HEETKAMP M J W, et al, 2007. Evaporative heat loss from group-housed growing pigs at high ambient temperatures. J Therm Biol, 32 (5): 293-299.

JOHNSON H D, and VANJONACK W J, 1976. Effects of Environmental and Other Stressors on Blood Hormone Patterns in Lactating Animals1. J Dairy Sci, 59 (9): 1603-1617.

KADZERE C, MURPHY M, SILANIKOVE N, et al, 2002. Heat stress

in lactating dairy cows: a review. Livest Sci, 77 (1): 59-91.

KNMI. 2019. Hourly data for the weather in the Netherlands. Accessed Oct. 1, 2019.

LIANG B, PARKHURST A, GEBREMEDHIN K, et al, 2009. Using time series to study dynamics of sweat rates of Holstein cows exposed to initial and prolonged solar heat stress.

MAIA A, and LOUREIRO C B, 2005. Sensible and latent heat loss from the body surface of Holstein cows in a tropical environment. Int J Biometeorol, 50 (1): 17-22.

MAIA A S C, DASILVA R G, and LOUREIRO C M B, 2005. Respiratory heat loss of Holstein cows in a tropical environment. Int J Biometeorol, 49 (5): 332.

MCLEAN J, 1963. The Partition of insensible losses of body weight and heat from cattle under various climatic conditions. J Physiol, 167 (3): 427-447.

MOUNT L E, 1979. Adaptation to thermal environment. Man and his productive animals. Edward Arnold (Publishers) Ltd., London.

NADEL E R, and STOLWIJK J, 1973. Effect of skin wettedness on sweat gland response. J Appl Physiol, 35 (5): 689-694.

NELSON, and JANNI, 2016. Modeling dairy cow thermoregulation during warm and hot environmental conditions 1: Model development. Page 1 in 2016 ASABE Annual International Meeting. ASABE, St. Joseph, MI.

PEISS C N, RANDALL W C, and HERTZMAN A B, 1956. Hydration of the skin and its effect on sweating and evaporative water loss. J Invest Dermatol, 26 (6): 459-470.

SANTOS S G C G D, SARAIVA E P, PIMENTA FILHO E C, et al, 2017. The use of simple physiological and environmental measures to estimate the latent heat transfer in crossbred Holstein cows. Int J Biometeorol, 61 (2): 217-225.

SPIERS D E, SPAIN J N, ELLERSIECK M R, et al, 2018. Strategic application of convective cooling to maximize the thermal gradient and reduce heat stress response in dairy cows. J Dairy Sci, 101 (9):

8269-8283.

THOMPSON V, FADEL J, and SAINZ R, 2011. Meta-analysis to predict sweating and respiration rates for Bos indicus, Bos taurus, and their crossbreds 1. J Anim Sci, 89 (12): 3973-3982.

THOMPSON V A, BARIONI L G, RUMSEY T R, et al, 2014. The development of a dynamic, mechanistic, thermal balance model for Bos indicus and Bos taurus. J Agric Sci, 152 (3): 464-482.

WALKER J E, WELLS Jr R E, MERRILL E, et al, 1962. Heat and water exchange in the respiratory tractt. Surv Anesthesiol, 6 (3): 256-259.

WU L, KOERKAMP P W G, and OGINK N W, 2015. Design and test of an artificial reference cow to simulate methane release through exhalation. Biosyst Eng, 136: 39-50.

ZHOU M, AARNINK A J A, HUYNH T T T, et al, 2022. Effects of increasing air temperature on physiological and productive responses of dairy cows at different relative humidity and air velocity levels. J Dairy Sci, 105 (2): 1701-1716.

附 录

附表 3-1 不同相对湿度（RH）和空气流速（AV）下皮肤热损失随温度（T）变化的线性回归系数

因变量	暴露时间[2]	回归模型成分	处理组别[4]					SE	P 值[5]
			RH_l*AV_l N=4	RH_m*AV_l N=4	RH_h*AV_l N=4	RH_m*AV_m N=3	RH_m*AV_h N=4		
皮肤显热散热/(W/m²)	短	截距	112.2[a]	121.0[a]	142.2[ab]	226.2[b]	270.8[b]	32.0	0.042
		斜率	-2.95	-3.16	-4.28	-6.20	-6.28	1.34	0.35
	长	截距	121.0[a]	158.6[a]	142.5[a]	257.0[b]	304.1[b]	27.8	0.0033
		斜率	-2.97[a]	-4.17[ab]	-3.89[ab]	-6.56[b]	-6.78[b]	1.16	0.11
P 值（暴露时间[1]）			<0.05	<0.05	<0.05	NS	<0.05		
皮肤潜热散热/(W/m²)	短	截距	-86.0[a]	-43.8[a]	-19.9[a]	11.4[a]	-216.9[b]	43.7	0.070
		斜率	7.26[a]	5.80[a]	3.41[a]	2.74[a]	13.83[b]	1.82	0.0013
	长	截距	-103.0	-43.3	-27.9	-83.2	-166.7	55.7	0.54
		斜率	8.41[a]	4.99[a]	4.72[a]	7.07[a]	11.54[b]	2.34	0.25
P 值（暴露时间）			NS[3]	NS	NS	NS	NS		

[a,b] 在一列中，不同的字母表示处理组织间的差异，$P<0.05$。
[1] P 值（暴露时间）为两次暴露时间之间的统计学差异。
[2] 暴露时间 "短" 表示奶牛在该条件下停留 1 h，"长" 表示奶牛在该条件下停留 8 h。
[3] NS，$P\geq0.10$。
[4] 处理水平：RH_l: 30%; RH_m: 45%; RH_h: 60%; AV_l: 0.1m/s; AV_m: 1.0m/s; AV_h: 1.5m/s。Treatment levels: RH_l: 30%; RH_m: 45%; RH_h: 60%; AV_l: 0.1m/s; AV_m: 1.0m/s; AV_h: 1.5m/s。
[5] 截距或斜率在 5 个处理之间统计学差异的 P 值（处理）。

附表 3-2 在不同相对湿度（RH）和空气流速（AV）下，呼吸热损失与环境温度（T）的线性回归系数

因变量	暴露时间[2]	回归模型成分	处理[4]					SE	P值[5]
			RH_l*AV_l N=4	RH_m*AV_l N=4	RH_h*AV_l N=4	RH_m*AV_m N=3	RH_m*AV_h N=4		
呼出气体温度/°C	短	截距	33.39	34.28	33.53	33.60	32.42	0.39	0.052
	短	斜率	0.10	0.071	0.10	0.091	0.13	0.016	0.081
	长	截距	33.83	34.66	33.87	33.78	33.10	0.41	0.19
	长	斜率	0.10	0.07	0.09	0.10	0.12	0.018	0.33
P值（暴露时间）			<0.05	<0.01	NS[3]	<0.05	<0.05		
呼吸深度/min	短	截距	22.92	59.69	-18.57	4.72	-1.29	50.11	0.77
	短	斜率	7.18	6.10	9.27	7.78	7.87	2.00	0.82
	长	截距	84.78	99.66	103.36	-38.44	21.35	46.74	0.34
	长	斜率	6.00	5.38	5.71	10.32	8.50	1.95	0.40
P值（暴露时间）[1]			<0.01	<0.05	<0.05	NS	<0.05		
呼吸显热损失/(W/m²)	短	截距	13.39	13.32	12.75	16.64	13.01	1.77	0.74
	短	斜率	-0.25	-0.23	-0.20	-0.38	-0.25	0.071	0.62
	长	截距	18.11	18.84	18.19	15.76	16.88	1.92	0.88
	长	斜率	-0.37	-0.40	-0.33	-0.31	-0.34	0.081	0.95
P值（暴露时间）			<0.01	<0.05	<0.01	<0.10	<0.01		

（续表）

因变量	暴露时间[2]	回归模型成分	处理[4]					SE	P值[5]
			RH_l*AV_l N=4	RH_m*AV_l N=4	RH_h*AV_l N=4	RH_m*AV_m N=3	RH_m*AV_h N=4		
呼吸潜热损失/(W/m²)	短	截距	3.64	6.35	13.75	17.65	7.60	10.08	0.89
	短	斜率	1.75	1.66	1.18	1.05	1.40	0.41	0.71
	长	截距	16.42	28.80	34.50	4.31	14.05	10.73	0.45
	长	斜率	1.59	1.00	0.73	1.78	1.53	0.45	0.46
P值（暴露时间）			<0.01	<0.01	<0.01	<0.05	<0.01		

[1] P值（暴露时间）为两次暴露时间之间的统计学差异。
[2] 暴露时间 "短" 表示奶牛在该条件下停留 1 h，"长" 表示奶牛在该条件下停留 8 h。
[3] NS，$P \geq 0.10$。
[4] 处理水平：RH_l：30%；RH_h：60%；AV_l：0.1m/s；AV_m：1.0m/s；AV_h：1.5m/s。处理水平：RH_l：30%；RH_m：45%；RH_h：60%；AV_l：0.1m/s；AV_m：1.0m/s；AV_h：1.5m/s。
[5] 截距或斜率在 5 个处理之间统计学差异的 P 值（处理组别）。

第4章

呼吸代谢气候舱中奶牛的水分蒸发损失

4.1 引言

由于体表与温暖环境之间的温度梯度较小,非蒸发散热受到限制(Taneja,1958;Gebremedhin 和 Wu,2001),所以,蒸发散热是高温条件下奶牛的主要温度调节机制。因此,奶牛忍受高温环境的能力取决于其通过蒸发所能散发的热量,热量可以通过皮肤的排汗系统(Gebremedhin 等,2008)或通过呼吸系统(da Silva 等,2012)蒸发出去。目前确定总蒸发失水量最可靠的方法是观察在一定时间内体温调节性出汗/呼吸损失下的体重变化(Finch 等,1982;Holmes,1985;Cheuvront 和 Kenefick,2017;Castro 等,2021),这种方法需要昂贵的高精度秤和细致的工作。因此,最近的文献中关于奶牛皮肤水分蒸发的大部分可用数据,主要来自使用纸盘、通风箱或手持式电子量热计(Berman,1957;Hillman 等,2001;Maia 和 Loureiro,2005;Gebremedhin 等,2008;de Souza 等,2018)对皮肤表面进行小面积测量的研究。

然而,局部测量出汗率可能有局限性,因为样本面积小,测量时间短,测量是在剃光的皮肤或静止的空气条件下进行的。Berman(1957),Gebremedhin 等(2010)发现黑白被毛的排汗率存在显著差异,Gebremedhin 等(2010)发现奶牛的排汗呈循环模式。众所周知,动物的整个体表都参与与环境的热交换(Turnpenny 等,2000),在这种情况下,使用局部出汗率估计皮肤蒸发失水总量可能有很大的不准确性,当乘以经验方程估计的体表面积时,不准确性会增加(Berman,2003)。虽然在不同条件下测量奶牛体表的蒸发水分损失是一项挑战,但它具有很大的意义,有助于验证前面提到的测量方法,并有助于更好地估计皮肤潜热损失对总热损失的贡献,这是应用冷却系统时需要的重要信息。本研究的目的:①确定奶牛在不同温度、相对湿度和风速下如何调节自身的总蒸发失水;②研究通过通风箱测量的局部皮肤蒸发失水与水分平衡法得出的皮肤总蒸发失水是否一致。假设环境温度增加 AT 时的总蒸发失水受到不同相对湿度和风速水平的影响,在皮肤表面小面积上用通风皮肤箱测量的皮肤蒸发失水,与用水分平衡法得出的皮肤蒸发失水总量相比,可能存在较大差异。

4.2 材料与方法

4.2.1 试验设计

该试验于 2021 年进行,经瓦赫宁根大学和研究所(Wageningen University and Research,WUR)动物护理和使用委员会批准,并符合荷兰法律(项目编号 2019.D-0032)。选用 20 头奶牛,日均产奶量(±SD)为(30.0±4.7)kg/d,泌乳天数为(206±39)d,体重为(687±46)kg,胎次为 2.0±0.7。19 头母牛平均怀孕(105±38)d。每组有 4 头奶牛:根据胎次和预期产奶量,奶牛被分为 4 个组,每组 5 头奶牛,每个组中的每头奶牛再被随机分配到 5 个组中的一个。在每种处理中使用 4 头奶牛,出于伦理方面的考虑,我们尽量减少气候控制呼吸室中的奶牛数量(Lakens,2022),这种样本量在呼吸室进行的奶牛研究中很常见(Perano 等,2015;Hou 等,2021)。该研究主要关注潜在的蒸发失水过程及其时间动态,而不是比较具体的处理效果。奶牛在气候控制呼吸室(Climate-controlled Respiration Chamber,CRC)中接受 3d 的适应期和随后 8d 的试验期,具体处理包括不同水平的 AT、RH 和 AV 的组合。在 8d 内,CRC 内的 AT 夜间从 7℃ 逐渐增加到 21℃,白天从 16℃ 逐渐增加到 30℃(夜间和白天温度均每天增加 2℃),如图 4-1 所示。白天(d)和夜间(n)RH 水平分别为:RH_l(低)30%(d)和 50%(n);RH_m(中):45%(d)和 70%(n);RH_h(高)60%(d)和 90%(n)。夜间 AV 保持自然速度（AV_l 0.1m/s）。白天，AV_l（低）：0.1m/s；或 AV_m（中）：1.0m/s；或 AV_h（高）：1.5m/s。对于 AV_m 和 AV_h，AT 的起始温度比 AV_l 高 2℃（从 18℃到 32℃）。AV_m 和 AV_h 仅与 RH_m 结合，共 5 个处理。CRC 中 3 天适应期的 AT、RH、AV 条件设置和控制与相应试验期的第 1 天相同。更详细的描述可以在之前的研究中找到（Zhou 等，2022a）。根据胎次和预期产奶量，20 头奶牛被分成 4 组，每组 5 头奶牛。一个区组内的每头牛都被随机分配到 5 种处理中的一种。牛被捆得很松，这意味着它们可以随意向前/向后移动和躺下。地面材料前面为橡胶垫，后面为橡胶金属格栅。奶牛通过固定在隔间前的饲料槽自由采食饲料，通过头部左侧的饮水槽饮水。根据荷兰体系（CVB，2008），该饲料的配方满足或超过哺乳期荷斯坦奶牛的营养需求。

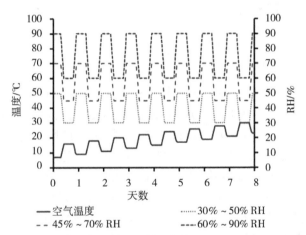

图 4-1 在 8d 的试验期间，采用 3 个相对湿度（RH）处理水平来控制空气温度

在 07:00—10:00，温度和 RH 逐渐变化为白天水平，并保持不变，直到 19:00。19:00—22:00，温度和 RH 逐渐下降，进入夜间水平，并在第 2 天 07:00 前保持不变。

4.2.2 试验设备

在这项研究中，使用了两个相同的 CRC。每个 CRC 被分成两个独立的密闭隔间，隔间之间配有透明窗户，允许两头奶牛之间进行听觉和视觉接触，从而减少社会隔离对它们行为的影响。每个隔间的容积为 34.5m³，尺寸为长×宽×高：4.5m×2.7m×2.8m，详见 Gerrits 和 Labussière（2015）。每个隔间的 RH 由一个相对湿度传感器监测（精度≤±2%，分辨率＝

0.000 1%；Novasina Hygrodat100，Novasina AG），AT 由 5 个 PT100 温度传感器监测（精度≤±0.1℃，分辨率=0.000 5℃；Sensor Data BV），按动物高度均匀分布在房间内，如 Zhou 等（2022a）详细描述。不同的 RH 水平是通过加湿器（ENS-4800-P，Stulz）或除湿器（koeltechniek，Nijssen）来实现的，循环空气的加热或冷却取决于与设定点温度的偏差，它们的控制机制可以在 Gerrits 和 Labussière（2015）的书中找到。

4.2.3 数据采集

CRC 的环境条件。在整个 8d 的试验周期中，以 30s 为间隔自动连续记录各室的 AT 和 RH。使用手持风速计（Testo 5-412-983，Testo SE & Co. kgaA），每天在牛体表周围 5 个距离约 5cm 的位置人工测量 3 次实际 AV，每个位置测 30s：颈部、躯干中部和臀部，以及躯干两侧。

代谢产热。在整个 8d 的试验期间，每隔 12min 测量一次 CO_2 和 CH_4 的产生和 O_2 消耗，并自动记录，如 Gerrits 和 Labussière（2015）所述。根据这些数据，利用 McLean（1972）的公式计算代谢产热。

蒸发水分损失。为了量化奶牛在试验期间的总蒸发水分损失，CRC 内部的完整水分平衡（图 2-1）计算如下：

$$蒸发水分损失 = (A+B) - (C+D+E+F+H)$$

在这个方程中，蒸发失水是牛的总蒸发失水，即从皮肤表面和呼吸道蒸发的水（kg/d）。变量 A 是出风口中的水的质量，通过每天测量出风口每 30s 的体积和湿度来计算。变量 B 是在热交换器中凝结水的量，水被收集在房间外的一个水箱中，每天称重并记录。变量 C 为进风口水的质量，每天每 30s 测量一次进气的体积和湿度。变量 D 为已知表面积（$0.16m^2$）的桶的蒸发水量，每 5s 连续测量并记录一次。蒸发的水除以桶的表面积，计算不同时间的蒸发速率，单位为 kg/m^2，从而计算变量 E、F、G。变量 E 为潮湿的固体地板蒸发的水的量。使用 Huynh 等（2007）的方法，通过估计不同时间固体地板被饮用水和尿液浸湿的比例，每天测量 3 次固体地板上的潮湿面积（与局部皮肤蒸发失水的测量次数相同）。变量 F 和 G 分别是料槽和饮水槽蒸发的水量。变量 E、F 和 G 由湿地板、料槽和饮水槽的表面积与每平方米的水分蒸发速率（D/0.16）相乘得到。变量 H 是为保持 CRC 中的设置湿度而添加水的体积。每天测量加湿器向空气中喷射的水量。为了计算蒸发所使用的能量，使用

35℃的蒸发焓：每 1kg 水 2 417.9kJ 的热量。

每天 3 次（06:00、10:00 和 18:00），使用通风箱测量腹部取样区域的局部皮肤蒸发失水，使用面罩和鼻杯测量呼吸蒸发失水。简单地说，通风箱设计为一个采样箱，在箱的进、出口分别安装两个温度和相对湿度传感器，出口连接一个吸气泵，类似于 Gebremedhin 等（2008）描述的采样箱。根据进气和出气的性质差异，计算出采样区域的净热损失或净热增加。同样，呼吸热损失是根据吸入和呼出空气的性质差异来计算的。更详细的描述可以在 Zhou 等（2022b）中找到。

为了确定通过通风箱测量的局部皮肤蒸发水分损失和每日呼吸水分损失，在白天条件下（0:00—19:00），局部皮肤蒸发水分损失和呼吸水分损失用 10:00 和 18:00 测量值的平均值计算，在升温条件下（07:00—10:00），用 06:00 和 10:00 测量值的平均值计算。在降温条件下（19:00—22:00），用 18:00 和 22:00（前 1d）两个测量值的平均值来计算，在夜间条件下（22:00—07:00），用 06:00 测量值来计算，如图 4-2 所示。皮肤总蒸发水分损失（kg/d）由总蒸发水分损失（由水分平衡法计算）减去每日呼吸水分损失计算得出，并应用根据 Brody（1945）估计的体表面积（$0.14W^{-0.57}$）转换为 $g/(m^2 \cdot h)$ 为单位。

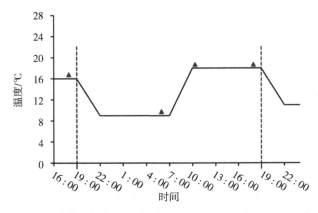

图 4-2 测量时间点（三角形：18:00、06:00 和 10:00）和第一个实验日的测量日定义（19:00 至次日 19:00）

4.2.4 数据统计分析

所有参数的分析均以奶牛为试验单位。统计分析在 SAS 9.4（SAS Institute Inc.，Cary，NC）中进行。其中有一头接受试验处理Ⅳ：RH_m * AV_m 的奶牛因乳腺炎被终止试验。表 4-1 对不同处理下计算水分平衡法的不同元素进行了描述性统计。对所有数据进行筛选，以确认方差的正态性和齐性。采用 MIXED 程序研究了环境温度、处理（相对湿度和风速的组合）及其相互作用的固定效应。基础产奶量（前 2d 的平均产奶量）作为协变量，奶牛作为随机效应。

采用最小二乘法拟合广义线性模型（PROC GLM）分析皮肤蒸发失水率，包括两种方法的固定效应（由通风皮肤箱局部测量和水分平衡法导出）、环境温度以及两种方法与环境温度的相互作用效应。采用均方根偏差（$RMSD$）、平均偏差（MB）和决定系数（R^2）确定了使用通风皮肤箱局部测量得出的皮肤蒸发失水率与水分平衡法的偏差。两种方法之间的差异用 $RMSD$ 量化如下：

$$RMSD = \sqrt{\sum (x_i - y_i)^2 / n} \qquad 式\ 4-1$$

式中 x_i、y_i 分别为通风皮肤箱法和水分平衡法推导的皮肤蒸发失水率 n 是测量的次数。

MB 是平均偏差，计算方法为：

$$MB = \sum (x_i - y_i) / n \qquad 式\ 4-2$$

R^2 的计算方法为：

$$R^2 = 1 - \frac{\sum (x_i - y_i)^2}{\sum (x_i - \bar{x})^2} \qquad 式\ 4-3$$

式中，$\bar{x}$ 是 x_i（$i = 1, 2, \cdots, n$）的平均值。

4.3 研究结果

表 4-1 对不同处理下计算水量平衡的各元素进行了描述性统计。

表 4-1 计算不同处理下奶牛总蒸发水分损失（EWL，kg/d）的不同元素的平均值（±SE）

处理组别[1]	空气水量[2]	冷凝水[3]	加湿器水[4]	湿地板 EWL[5]	其他 EWL[6]	奶牛 EWL[7]
RH_l * AV_l	5.03±0.21	20.8±0.97	0	0.622±0.074	3.68±0.23	21.5±0.82
RH_m * AV_l	7.15±0.58	20.1±0.52	0	0.960±0.077	3.15±0.14	23.1±0.72
RH_h * AV_l	10.1±0.82	13.7±0.64	2.78±0.441	0.284±0.059	2.21±0.13	18.5±0.67
RH_m * AV_m	7.36±0.56	22.2±0.94	0	1.10±0.21	4.72±0.20	23.7±1.1
RH_m * AV_h	7.90±0.53	21.9±0.65	0	0.731±0.13	4.56±0.18	24.5±0.84

[1] 昼夜处理：RH_l：30%~50%；RH_m：45%~70%；RH_h：60%~90%；AV_l：0.1~0.1m/s；AV_m：1.0~0.1m/s；AV_h：1.5~0.1m/s。RH 表示相对湿度，AV 表示风速。

[2] 空气水量 Out-In：出风水量与进风水量之差，kg/d。

[3] 冷凝水：在热交换器中冷凝的水量，kg/d。

[4] 加湿器水：加湿器为保持设定的湿度而向空气中喷射的水量，kg/d。

[5] 湿地板 EWL：潮湿实地板蒸发水分量，kg/d。

[6] 其他 EWL：饮水槽、料槽、水桶的蒸发水量，kg/d。

[7] 奶牛 EWL：奶牛皮肤表面蒸发失水和呼吸总量，kg/d。

4.3.1 环境温度、相对湿度和风速的影响

如图 4-3 所示，奶牛的总蒸发失水（呼吸和出汗）通常随着 AT 的增加而增加，并且奶牛之间的个体差异很大。产奶量与蒸发失水呈显著正相关（$P=0.052$）。RH/AV 对蒸发失水无显著影响（$P=0.26$），而 RH/AV 与 AT 交互作用显著（$P=0.0024$）。具体而言，在低 AV 水平下，高 RH 条件下奶牛蒸发水分损失的增加速率（AT 每增加 1℃ 为 0.61kg/d）低于低 RH 条件下的增加速率（AT 每增加 1℃ 为 0.79kg/d；$P=0.065$）。在中 RH 条件下，中/高 AV 水平奶牛的增重速率（AT 每增加 1℃ 分别为 0.91kg/d 和 0.95kg/d）高于低 AV 水平（AT 每增加 1℃ 为 0.71kg/d；$P<0.05$）。图 4-4 显示了代谢产热的分配，随着 AT 的增加，总蒸发热损失增加，可显热（总产热与潜热损失之差，假设奶牛处于热平衡状态）减少。图 4-4 还显示，奶牛蒸发热损失的增加主要是由于皮肤蒸发（汗液）的增加。面罩测量的呼吸蒸发热损失仅随 AT 的增加而略有增加。

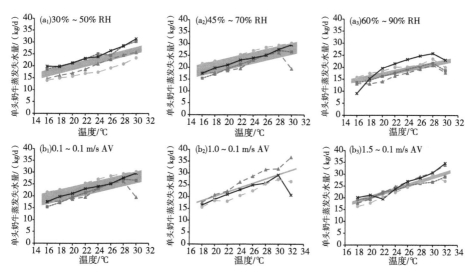

图 4-3 在不同的相对湿度（RH）水平与固定气流速度（AV）水平下［（a_1）：30%白天—50%夜间，（a_2）：45%白天—70%夜间，（a_3）：60%白天—90%夜间，气流速度0.1m/s白天—0.1m/s夜间］以及不同的气流速度（AV）水平与固定相对湿度（RH）水平下［（b_1）：0.1m/s白天—0.1m/s夜间，（b_2）：1.0m/s白天—0.1m/s夜间，（b_3）：1.5m/s白天—0.1m/s夜间，相对湿度45%白天—70%夜间］，随着白天环境温度的升高，单头奶牛的蒸发失水情况（每个图用不同的图例标记4头奶牛，图 b_2 有3头奶牛除外）

图（a_2）与（b_1）相同。灰色块表示4头奶牛产奶量范围内蒸发水分损失与环境温度之间的统计关系。

4.3.2 两种方法测定的皮肤水分蒸发率的比较

两种方法测量的皮肤蒸发失水率无显著性差异（$P=0.387$）。水分平衡法和通风皮肤箱法测得的皮肤蒸发失水率 RMSD 和 MB 分别为 39.1g/(m²·h) 和 0.44g/(m²·h)，分别相当于第一种方法测得的皮肤蒸发失水总量的42%和0.5%。通风皮肤箱法测定值略高于水分平衡法测定值。采用相关回归方法（截距=0），$R^2=0.87$（图4-5），说明水分平衡法计算的皮肤蒸发失水率的方差有87%可以用通风箱测量的值来解释。

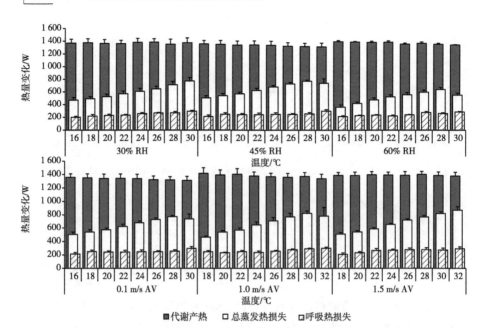

图 4-4　在不同相对湿度和风速水平下，代谢产热、总蒸发热损失和呼吸热损失的平均值（±SD）随环境温度升高的关系

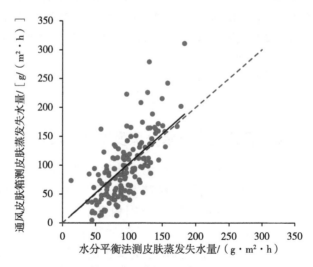

图 4-5　用通风皮肤箱测量的皮肤蒸发失水量与水分平衡法计算的皮肤蒸发失水量拟合回归线（截距=0）。标识线（斜率=1，截距=0）用虚线表示

4.4 讨论

总蒸发失水量的量化对研究奶牛热量损失的不同途径很有意义。这一信息也让我们深入了解不同降温措施对额外热损失的影响。据我们所知，这是第一个确定奶牛每日总蒸发失水率的研究，这可以避免与不同皮肤区域的不同出汗率和循环出汗模式相关的一些误差来源（Berman，1957；Gebremedhin 等，2008；Liang 等，2009；de Souza 等，2018）。通过当前试验的设计，我们能够估计奶牛的总蒸发失水量，并将其分为皮肤蒸发和呼吸蒸发。

4.4.1 环境温度、相对湿度和风速的影响

总蒸发失水率随环境温度的升高而增加。这是皮肤表面与周围空气之间的温度梯度减小的结果，引起显热损失的减少，需要通过增加潜热损失来补偿。在分析总蒸发失水时，我们将基础产奶量作为协变量，因为产奶越多的奶牛通常代谢产热越高（Ravagnolo 等，2000），因此需要更高的总热损失。

Castro 等（2021）将称重系统作为一种黄金标准方法，通过观察体重的精确变化来量化总蒸发失水。然而，这种方法有局限性，因为它忽略了身体的气体交换损失（Cheuvront 和 Kenefick，2017），与人类相比，奶牛的反刍活动会是一个很大的误差源。在 26~34℃ 的环境温度下，该称重系统在 2h 内测量的皮肤蒸发失水率范围为 54~375g/（m²·h）（Castro 等，2021 年）。在我们的研究中，此范围为 12.8~183.4g/（m²·h），这是在白天较高环境温度（16~32℃）和夜间较低环境温度（7~23℃）下皮肤水分损失量的日平均值。气体交换的质量损失（CO_2 和 CH_4 的产生与 O_2 的消耗之间的差值）在本研究中计算为 28.5~41.1g/（m²·h）。计算出的气体损失量可占 Castro 等（2021）测量的皮肤水分损失量的 8%~76%，因此当使用该标准方法作为参考值比较不同测量方法时，特别是在凉爽条件下，会产生相当大的误差。在这项研究中，我们发现在低和中等 RH 水平下，奶牛的产热和蒸发热损失大致相等。这可以解释在低 RH 和中 RH 水平下直肠温度开始升高的拐点温度相似（分别为 25.3 和 25.9℃；Zhou 等，2022a）。而在高 RH 水平时，拐点温度要低得多（20.1℃），这可能

是由于代谢产热较高以及蒸发热损失较低所致。具体而言，在高 AT 和高 RH 时，汗液蒸发到环境空气变得更加困难（Berman，2009），如图 4-5 所示。因此，高 RH 水平下的皮肤温度高于低或中等 RH 水平下的皮肤温度，这导致对环境空气的更敏感的散热。我们发现，在中高 AV 水平下，奶牛的蒸发热损失高于低 AV 水平下的蒸发热损失，而在中等 AV 水平下，直肠温度的拐点温度低于其他水平（Zhou 等，2022a）。在生理条件下，直肠温度和蒸发热损失可以同时发生；因此，奶牛处于热应激状态，直肠温度更高，蒸发散热也更高（da Silva 和 Maia，2013）。有趣的是，在温暖的条件下，奶牛蒸发热损失的增加主要是由于皮肤蒸发（汗液）的增加。随着环境温度的升高，呼吸速率的增加主要是为了弥补吸入和呼出空气之间温度梯度的减小。因此，当奶牛暴露在热负荷下时，皮肤蒸发冷却是至关重要的，尽管这种影响部分是由于实验设置造成的，即 RH 与 AT 的增加无关，而在现实中，RH 往往随着 AT 的增加而降低。

4.4.2 两种方法测定皮肤蒸发失水率的比较

使用通风箱得到的局部皮肤蒸发失水率与水分平衡法测定的总失水率的偏差很小（0.5%），随机偏差较大（42%），这不能仅由通风箱方法的误差来解释。在本研究中，我们参考 Castro 等（2021）的研究，选择侧腹的蒸发失水作为全身的代表，每次测量时间为 10 min，适应时间为 5 min，计算时间为 5 min。相当好的总体一致性是一个有趣的结果，因为在使用通风箱测量皮肤蒸发失水时，有几个误差来源，如前所述：①不同位置的出汗率不同（de Souza 等，2018）；②存在周期性汗液分泌模式，导致其随时间变化（Gebremedhin 等，2010）；③通过通风箱的气流与牛体周围的气流不同（McLean，1963）；④姿势（躺/站）和活动（吃/休息）对出汗率有一定影响。Castro 等（2021）的结果显示，3 种不同方法（称量系统、通风胶囊和比色纸盘）测量的皮肤蒸发失水有显著差异（$P=0.0398$）。尽管他们提到称重系统确定的水分损失是非常好的方法（Finch 等，1982），但我们发现，如前所述，气体交换可以解释牛体重变化的相当大一部分，但是气体交换并不包括在他们的计算中（Castro 等，2021）。结果是，不同方法之间的比较变得很困难。

在本研究中，用通风箱测量的皮肤日蒸发失水量，是用白天不同时间 3 次测量的加权平均值计算的。这一估计是否会对皮肤每日蒸发失水造成较大误差尚不清楚。尽管在白天环境温度较高、夜间环境温度较低的情况下对奶牛进行了每日水平的评估，但通风箱测量的值与水分平衡法测量的值具有良好的一致性。这一发现是否适用于其他条件，需要进一步研究。

4.5 小结

总蒸发失水随着环境温度的升高而增加。RH/AV 水平对总蒸发失水无显著影响，但与 AT 互作效应显著。奶牛蒸发热损失的增加主要是由于皮肤蒸发量的增加。

将通风箱测量的数据与水分平衡法得出的平行数据进行比较，发现皮肤蒸发失水无显著差异。

参考文献

BERMAN A, 1957. Influence of some factors on the relative evaporation rate from the skin of cattle. Nature, 179 (4572): 1256-1256.

BERMAN A, 2003. Effects of body surface area estimates on predicted energy requirements and heat stress. J Dairy Sci, 86 (11): 3605-3610.

BERMAN A, 2009. Predicted limits for evaporative cooling in heat stress relief of cattle in warm conditions. J Anim Sci, 87 (10): 3413-3417.

BRODY S, 1945. Bioenergetics and growth; with special reference to the efficiency complex in domestic animals. Bioenergetics and growth; with special reference to the efficiency complex in domestic animals. Reinhold, Oxford, England.

CASTRO P A, CAMPOS MAIA A S, DE FRANÇA CARVALHO FONSÊCA V, et al, 2021. Comparative methods analysis on rates of cutaneous evaporative water loss (CEWL) in cattle. J Therm Biol, 97: 102879.

CHEUVRONT S N, and KENEFICK R W, 2017. CORP: Improving the status quo for measuring whole body sweat losses. J Appl Physiol, 123 (3): 632-636.

CVB, 2008. CVB Table Ruminants 2008, series nr. 43. CVB, The

Hague, The Netherlands.

DA SILVA R G, and MAIA A S C, 2013. Thermal Balance and Thermoregulation. Pages 75 – 106 in Principles of Animal Biometeorology. R. Gomes da Silva and A. S. Campos Maia, ed. Springer Netherlands, Dordrecht.

DA SILVA R G, MAIA A S C, DE MACEDO COSTA L L, et al, 2012. Latent heat loss of dairy cows in an equatorial semi-arid environment. Int J Biometeorol, 56 (5): 927-932.

DE SOUZA J B F, DE QUEIROZ J P A F, DOS SANTOS V G S, et al, 2018. Cutaneous evaporative thermolysis and hair coat surface temperature of calves evaluated with the aid of a gas analyzer and infrared thermography. Comput Electron Agric, 154: 222-226.

FINCH V A, BENNETT I, and HOLMES C, 1982. Sweating response in cattle and its relation to rectal temperature, tolerance of sun and metabolic rate. The Journal of Agricultural Science, 99 (3): 479-487.

GEBREMEDHIN K G, HILLMAN P E, LEEC N, et al, 2008. Sweating rates of dairy cows and beef heifers in hot conditions. Transactions of the ASABE, 51 (6): 2167-2178.

GEBREMEDHIN K G, LEE C N, HILLMANP E, et al, 2010. Physiological responses of dairy cows during extended solar exposure. Transactions of the ASABE, 53 (1): 239-247.

GEBREMEDHIN K G, and WU B, 2001. A model of evaporative cooling of wet skin surface and fur layer. J Therm Biol, 26 (6): 537-545.

GERRITS W, and LABUSSIÈRE E, 2015. Indirect calorimetry: Techniques, computations and applications. Wageningen Academic Publishers.

HILLMAN P, GEBREMEDHIN K, PARKHURST A, et al, 2001. Evaporative and convective cooling of cows in a hot and humid environment. Pages 343 – 350 in Proc. Livestock Environment Ⅵ: Proceedings of the 6th International Symposium.

HOLMES C R, 1985. Application of a weighing system for measuring total evaporative water loses in large ruminants. J Therm Biol, 10 (1):

5-7.

HOU Y, ZHANG L, DONG R Y, et al, 2021. Comparing responses of dairy cows to short-term and long-term heat stress in climate-controlled chambers. J Dairy Sci, 104 (2): 2346-2356.

HUYNH T T T, AARNINK A J A, HEETKAMP M J W, et al, 2007. Evaporative heat loss from group-housed growing pigs at high ambient temperatures. J Therm Biol, 32 (5): 293-299.

LAKENS D, 2022. Sample Size Justification. Collabra: Psychology, 8 (1). 10.1525/collabra.33267.

LIANG B, PARKHURST A, GEBREMEDHIN K, et al, 2009. Using time series to study dynamics of sweat rates of holstein cows exposed to initial and prolonged solar heat stress. in Proc. Applied statistics in agriculture: proceedings of the Kansas State University Conference on Applied Statistics in Agriculture.

MAIA A, and LOUREIRO C B, 2005. Sensible and latent heat loss from the body surface of Holstein cows in a tropical environment. Int J Biometeorol, 50 (1): 17-22.

McLEAN J, 1963. The Partition of insensible losses of body weight and heat from cattle under various climatic conditions. J Physiol, 167 (3): 427-447.

McLEAN J, 1972. On the calculation of heat production from open-circuit calorimetric measurements. Br J Nutr, 27 (3): 597-600.

PERANO K M, USACK J G, ANGENENT L T, et al, 2015. Production and physiological responses of heat-stressed lactating dairy cattle to conductive cooling. J Dairy Sci, 98 (8): 5252-5261.

RAVAGNOLO O, MISZTAL I, and HOOGENBOOM G, 2000. Genetic component of heat stress in dairy cattle, development of heat index function. J Dairy Sci, 83 (9): 2120-2125.

TANEJA G C, 1958. Sweating in cattle. I. Cutaneous evaporative losses in calves and its relationship with respiratory evaporative loss and skin and rectal temperatures. J Agric Sci, 50 (1): 73-81.

TURNPENNY J R, MCARTHUR A J, CLARK J A, et al, 2000.

Thermal balance of livestock: 1. A parsimonious model. Agric Forest Meteorol, 101 (1): 15-27.

ZHOU M, AARNINK A J A, HUYNH T T T, et al, 2022a. Effects of increasing air temperature on physiological and productive responses of dairy cows at different relative humidity and air velocity levels. J Dairy Sci, 105 (2): 1701-1716.

ZHOU M, HUYNH T T T, GROOT KOERKAMP P W G, et al, 2022b. Effects of increasing air temperature on skin and respiration heat loss from dairy cows at different relative humidity and air velocity levels. J Dairy Sci, 105 (8): 7061-7078.

第5章

空气温度对奶牛产热、心率和氧脉搏的影响

5.1 引言

在过去的几十年中,人们开展了一些研究来量化现代奶牛的产热(Heat production,HP),以提高其能源效率。HP 的测定多采用间接量热法,即测量 O_2 消耗量(VO_2)以及在呼吸代谢气候舱内产生 CO_2 量(VCO_2)和 CH_4 量,具有较高的准确性。然而,这类测量通常不能反映商业生产系统中管理动物的条件。

氧脉搏和心率技术(Oxygen pulse-heart rate,O_2P-HR)是在通常生产条件下测量动物 HP 的一种替代方法。使用 O_2P-HR 技术测量不同采食量下 1 岁公牛的 HP 值,结果表明,该测量值与使用呼吸代谢气候舱或在同一动物中进行比较屠宰所获得的值相当(Oss 等,2016)。O_2P-HR 法的原理是基于 VO_2 与心率(Heart rate,HR)之间的关系,因为在恒温动物中,消耗的 O_2 大部分通过心脏的做功运输到组织中。O_2P-HR 方法基于 Fick 方程(Fick,1870),假设每搏输出量和动静脉氧摄取率保持恒定或以可预测和系统的方式变化,以可靠地从 HR 测量值(Butler 等,2004)中估计 VO_2。O_2P-HR 技术包括动物 HR 的长期(24 h 或更长时间)测量,通常在自由放养条件下进行,以及氧脉搏[即奶牛耗氧量的测定;O_2P;$\mu L\ O_2/(kg^{0.75} \cdot 心跳)$]的短期(20 min)测量,通常戴有面罩,并与 HR(Butler,2007)同时进行测量。随后,通过将 O_2P 与连续记录的 HR 相乘来计算长期 VO_2。假设 HR 的变化是心血管系统对 O_2

需求增加反应的主要成分；因此，O_2P 不受动物活动、采食量或环境条件的影响，在一天内是稳定的。因此，这个假设和 O_2P 测量的可靠性是使用该技术获得高精度 HP 测量的关键因素。在这方面，先前的研究报道了生长犊牛和羔羊（Aharoni 等，2003）或山羊（Puchala 等，2007）的单个 O_2P 测量值与全天平均 O_2P 的最大偏差为 5%，但这些实验并没有确定 O_2P 的变异来源。在短期热暴露期间，奶牛会增加 HR 以增加外周血流量，从而增加热量损失，但 HR 的增加并不伴随着 VO_2 的增加（Kadzere 等，2002），这表明空气温度会以非线性模式影响 O_2P。另外，在运动过程中，为了满足 O_2 需求，HR 会增加，但 VO_2 也会被 O_2 提取和每搏量改变，因此 HR 与 VO_2 的关系是非线性的（Brosh 等，1998）。最近，报道了与不同日常活动相关的奶牛 HR 的变化（Talmón 等，2022），但尚不清楚在不同活动下 VO_2 和 HR 之间是否呈线性关系。因此，本研究的主要目的是评估和量化空气温度、动物姿态及动物活动对 O_2P 的影响。这些关系可以通过 O_2P-HR 技术来提高 HP 估计的准确性。此外，第二个目标是量化进食和反刍相对于空腹和站立相对于躺下的能量成本，这可能用于改进对泌乳奶牛维持能量需求的预测。

5.2 材料和方法

5.2.1 试验设计

该试验于 2021 年进行，经瓦赫宁根大学和研究所（Wageningen University and Research，WUR）动物护理和使用委员会批准，并符合荷兰法律（项目编号 2019.D-0032）。选用 12 头经产荷斯坦奶牛［（2.6±0.8）次］，均来自 Zhou 等（2022）报道的实验。试验第 1 天，泌乳期奶牛干物质摄取量为（206±38）kg，平均日泌乳量为（30.0±4.9）kg，体重为（692±50）kg。所有奶牛妊娠周期为（102±40）d（表 5-1）。对奶牛进行不同处理，以评估空气温度、相对湿度（RH）和空气流速（AV）对奶牛生理和生产性能的影响（Zhou 等，2022）。

简单地说，在为期 8d 的研究期间，根据温度、RH 和 AV 的不同组合，对奶牛进行了 5 种不同的处理，并将它们单独安置在呼吸代谢气候舱中。处理包括 3 个 RH 水平（低 RH：30%~50%，中 RH：45%~70%，高 RH：60%~90%）和 3 个 AV 水平（低 AV：0.1m/s，中 AV：1.0m/s，高 AV：1.5m/s），在 8d 的试验期间，气候舱内的温度是逐渐上升的，低 AV 组的处理为夜间 7~21℃ 和白天 16~30℃（白天和夜间均每天升高 2℃）中 AV 组和高 AV 组的处理为夜间 9~23℃ 和白天 18~32℃。

表 5-1 每个处理（平均值±标准差）的奶牛数量、体重、胎次、当前泌乳期平均产奶量和妊娠天数

项目	处理组别				
	RH_l+AV_l	RH_m+AV_l	RH_m+AV_m	RH_m+AV_h	RH_h+AV_l
奶牛数量	4	1	2	3	2
体重/kg	695 ± 47	712	751 ± 45	682 ± 29	633 ± 9
胎次	2.3 ± 0.4	2.0	3.5 ± 0.5	2.3 ± 0.5	3.0 ± 1.0
产奶量/(kg/d)	27.2 ± 6.2	28.5	33.2 ± 0.9	31.2 ± 1.9	31.5 ± 5.6
泌乳天数/d	212 ± 30	199	230 ± 37	202 ± 25	180 ± 55
怀孕天数/d	100 ± 24	102	94 ± 33	108 ± 42	106 ± 68

[1] 相对湿度（RH）和风速（AV）；l=低；m=中等；h=高。

所有奶牛的适应期为 10d。在前 7d，奶牛被放置在单独的牛舍中，在那里它们接受试验饮食，并与饲养员进行常规接触；在最后 3d，奶牛被转移到呼吸代谢气候舱，在那里它们接受每个处理对应的初始温度、RH 和 AV，并进行试验测量。

根据荷兰系统（CVB，2018），奶牛自由采食符合或超过其营养需求的 TMR。日粮由 6kg/d 的精料和足量的牧草（新鲜玉米青贮 62%，牧草青贮 38%）组成，以保证自由采食量。每天在 05:00 和 15:30 提供两次 TMR，并始终通过饮水器提供淡水。关于试验设计的更多细节由 Zhou 等（2022）发表。

原始数据集由 20 头奶牛组成，但由于设备与 HR 监测器插座之间的机械连接问题，导致心电图信号噪声和 HR 记录故障，为避免结果偏倚，8 头奶牛的数据没有用于分析。因此，奶牛的数量在各处理之间分布不均匀（表 5-1）。初步的处理比较没有显示出本研究中使用的数据集（12 头牛）的变量在数值上或统计上的显著差异，也没有显示 Zhou 等使用的 20 头牛的人工测量的 HR 和 VO_2（2022；见附录 A5-1）。因此，未考虑 AV 和 RH 的影响。

5.2.2 呼吸代谢气候舱

使用了两个呼吸代谢气候舱，每个气候舱分为两个 $12.8m^2$，$43.5m^3$ 的密闭房间，使用可拆卸墙板和充气管道。这些房间配备了薄墙和透明窗户，以允许两头奶牛之间进行视听接触，从而最大限度地减少社会隔离对它们行为的影响（Heetkamp 等，2015）。在所有试验过程中，使用自动传感器（分别为 Novasina Hygro-dat100，Novasina AG 和 PT100 温度传感器，sensor Data BV）监测 RH 和空气温度。05:00—21:00，室内人工照明为 390~440lx；21:00—05:00，灯光调暗为 35~40lx。关于 RH、空气温度和 AV 测量的更多细节，以及呼吸代谢气候舱的示意图，由 Zhou 等（2022）提供。

5.2.3 试验数据

当奶牛在气候舱时，使用 HR 监测器（BioHarness 3.0，Zephyr Technology Corporation）每隔 1s 测量一次 HR。HR 监测器是用一根特殊的带子绑在牛的胸部，即前腿的后侧。使用制造商（BioModule 3.0，Zephyr Technology 公司）开发的软件下载心率数据，并基于考虑磨损检测指示和心电信号信噪比的算法删除不可靠记录。CO_2 和 CH_4 浓度采用非分散红外气体分析仪（ABB Advance Optima AO2000 系统，ABB 公司）测定，O_2 浓度采用顺磁性气体分析仪（ABB Advance Optima AO2000 系统，ABB 公司）测定。根据 van Gastelen 等（2020）的描述，平均每 12.6min 从每个气候舱采集一次进气和排气样本（每个气候舱每隔 4 次 12min，进气间隔一次 15min）。计算了入口气量和排气气量之间的 VO_2 和 VCO_2 以及 CH_4 产量。室内通风量为（55.8±1.74）m^3/h。根据压力、温度和湿度对通风速率和气体浓度进行校正，以获得入口空气和出口空气的标准温度压力露点体积。每天使用校准气体代替进气口空气来校正进、出气口空气样品中测量的气体浓度。在试验之前，对气候舱进行检查，在每个舱中注入已知数量的 CO_2，并将它们与来自气体分析的数据进行比较，以计算 CO_2 回收率。CO_2 平均回收率为（102.35±0.27）%（102.08%~102.62%）。牛的活动由反刍鼻带传感器（Rumi Watch System，ITIN+HOCH）记录，并使用制造商开发的软件（Rumi Watch Converter，ITIN+HOCH）处理数据，以 1min 为间隔生成空腹、反刍、进食和饮水活动的数据摘要。此外，通过对摄像机记录的连续视觉观察，获得奶牛的姿势信息（站立或躺下），了解每头奶牛何时躺下或站立。在整个实验过程中，每隔 30s，每个饲槽（瓦赫宁根大学技术开发工作室）内的自动称重秤记录的数据计算采食量。

实验人员每天进入气候舱 4 次，持续约 30min，分别在 05：00 和 15：30 饲喂和挤奶，在 10：00 和 18：00（除了 05：00）测量奶牛的皮肤和直肠温度、呼吸频率和人工测量 HR（Zhou 等，2022）。所有工作人员在室内时记录的数据都没有被考虑用于分析。

5.2.4 数据处理与计算

一个完整的气体交换测量周期需要 12.6min，而 HR 测量、活动和姿势是连续记录的。根据 Alferink 等（2015）的反卷积过程，从气候舱水平生成的数据计算了奶牛水平的瞬时气体交换数据。通常，这些步骤会导致噪声数据，这取决于气候舱冲洗时间、测量频率和舱内气体体积的变化（Gerrits 等，2015）。这种噪声可以通过考虑后续测量的平均值来抑制。对于当前数据，气体交换测量的平均值超过 3 个数据点（37.8min 间隔）。为了同步心率和气体交换数据集以进一步分析，心率也以 37.8min 为间隔进行平均；此外，如果 HR 平均值得到的潜在 HR 观测值小于 40%（37.8min×60HR 观测值/min = 2 268 个可能 HR 观测值），则将其丢弃以避免偏差，考虑保持尽可能多的观测值之间的平衡，而不显著影响 HR 与气体交换数据之间的模型拟合。

采食量以采集 3 个空气样品的时间（37.8min）内消耗的 DM 千克数计算，并以 kg DM/h 表示。动物姿势和活动用奶牛在这段时间内保持每种姿势和进行每种活动的时间所占的比例来表示（即进食 = 0.5 表示牛用 50%的时间进食；37.8min×0.5 = 18min54s）。

根据 Brouwer 方程（Brouwer，1965）计算产热为：

$$HP (kJ) = 16.18 \times O_2 \text{消耗量}(L) + 5.02 \times CO_2 \text{产生量}(L) - 2.17 \times CH_4 \text{产生量}(L) \quad \text{式 5-1}$$

O_2P 和产热脉冲（Heat Production Pulse，HPP）分别代表每心跳消耗的氧气和产生的热量，计算为：

$$Q_2P = VO_2/HR, \quad HPP = HP/HR \quad \text{式 5-2}$$

在表 5-2 中，对数据集中的每个变量进行了描述性统计。

表 5-2 12 头牛的描述性数据，分别在空气温度升高、
相对湿度和风速变化的气候呼吸室中饲养 8d

项目	平均值	标准差	最小值	最大值	中值	观测量
产热量/[kJ/(kg$^{0.75}$·d)]	895	96	615	1218	891	1 906
心率/(次/min)	68	8	50	101	67	1 906
O_2 消耗量/[kJ/(kg$^{0.75}$·d)]	41.3	4.2	28.5	54.5	41.1	1 906
CO_2 产生量/[kJ/(kg$^{0.75}$·d)]	47.2	6.0	31.9	73.2	46.6	1 906
CH_4 产生量/[kJ/(kg$^{0.75}$·d)]	4.2	0.7	2.0	6.7	4.1	1 906
氧脉搏/[μL O_2/(kg$^{0.75}$·次)]	425	38	304	529	428	1 906
产热脉冲/[J/(kg$^{0.75}$·次)]	9.22	0.82	6.72	11.70	9.27	1 906
呼吸熵	1.14	0.06	1.01	1.38	1.14	1 906
光照[1]	0.58	0.49	0.00	1.00	1.00	1 906
温度/℃	21.5	5.2	8.2	32.2	21.6	1 906
相对湿度/%	58	13	29	93	57	1 906
干物质采食率/(kg/h)	0.69	0.92	0.00	6.18	0.24	1 906
进食时间比例	0.17	0.22	0.00	1.00	0.06	1 848
反刍时间比例	0.39	0.32	0.00	1.00	0.35	1 848
空腹时间比例	0.43	0.31	0.00	1.00	0.41	1 848
饮水时间比例	0.01	0.02	0.00	0.23	0.00	1 848
站立时间比例	0.48	0.38	0.00	1.00	0.45	1 388

[1] 开灯=1；关灯=0

5.2.5 数据统计分析

数据分析使用 SAS Studio3.8（SAS Institute Inc.）。由于 HR 数据不完整，20 头牛中有 12 头牛的数据可用，并进行了初步分析以评估处理差异。使用 GLIMMIX 程序对 HP、HR、VO$_2$、VCO$_2$、呼吸熵（RQ）、O$_2$P 和 HPP 数据进行了分析，将处理视为固定效应，将奶牛视为随机效应。对于 HP、HR、VCO$_2$ 和 RQ，模型中指定了对数正态分布，而对于 VO$_2$、O$_2$P 和 HPP，模型中指定了高斯分布。这一初步分析结果为处理之间没有显著差异（附表 5-1）；因此，不考虑 RH 和 AV 的影响进行进一步分析。

为了评估空气温度对 HP、HR、VO$_2$、VCO$_2$、O$_2$P、HPP 和 RQ 的影响，使用 REG 程序对每头奶牛分别在白天和夜间对每个变量进行回归。

使用 MIXED 程序并考虑当天（白天和夜间）的时间作为固定效应，对回归斜率进行偏离 0 的检验。高 RH+低 AV 处理的一头奶牛没有被用于本次分析，因为该奶牛 HR 测量失败，无法获得试验前 4d 的记录。采用混合效应回归模型，将奶牛视为随机效应，评估 HR、HP 和 VO_2 之间的关系，以及采食量、动物姿势和活动对 HP、HR、VO_2、VCO_2、O_2P、HPP 和 RQ 的影响。为了评价动物姿态和活动对 HP、HR、VO_2、VCO_2、O_2P、HPP 和 RQ 作为响应变量的影响，以进食时间、反刍时间和站立时间的比例为自变量。此外，由于进食时间与站立时间的比例高度相关（$r=0.588$；$P<0.001$）可能会影响之前回归模型的结果，于是我们生成了一个新的数据集，使用不同的动物姿势和活动组合来评估它们对 HP 的影响。为了进行这些计算，在评估的时间间隔［超过 80% 的时间（30min）］内，使用每个活动/姿势的比例超过 0.8 的所有观测值，并将其视为新数据集中的 1 个观测值（$n=1$）。获得的姿势和活动组合为躺下+空腹（$n=154$；a）、躺下+反刍（$n=83$；b）、站立+空腹（$n=13$；c）、站立+反刍（$n=35$；d）、站立+进食（$n=36$；e）。为了评估动物姿态和活动组合对 HP、O_2P 和 HPP 的影响，采用 MIXED 程序，将动物姿态和活动组合视为固定效应，而将奶牛指定为随机效应。不同姿势和活动的 HP、O_2P 和 HPP 用最小二乘均值差进行评估：站立和躺着比较 b 和 d，反刍与空腹比较 b 与 a，进食与反刍比较 e 与 d。站立+空腹（c）的组合不用于分析，因为观察数量较少，不能代表所有奶牛，然后计算进食与空腹为 e 与（d+b）和 a，假设站立反刍的效果等于躺着反刍的效果。

在 GLIMMIX 和 MIXED 程序中，均采用 Kenward-Rogers 方法调整自由度分母。对于所有的分析，UNIVARIATE 程序被用来检查残差的正态性和识别异常数据。采用 CORR 程序进行 Pearson 相关系数分析。

5.3 研究结果

5.3.1 HP 和 VO_2 与心率的关系

HP 和 VO_2 均与 HR 呈正相关（$r=0.66$ 和 0.64；P 分别<0.001），但这些关系高度依赖于个体奶牛的变异（图 5-1）。所有奶牛的平均 O_2P 和 HPP 值分别为每心跳（424±32）$\mu L\ O_2/kg^{0.75}$ 和（9.19±0.68）$J/kg^{0.75}$

(均值±SD, $n=12$)。

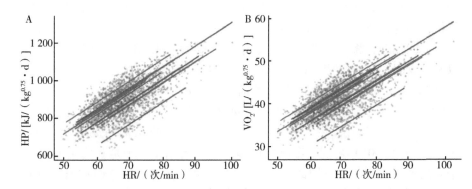

图 5-1 心率(HR)与(A)产热(HP)或(B)耗氧量(VO_2)之间的关系

不同的斜线代表不同的奶牛($n=12$)。圆点代表观测值($n=1\,906$),实线代表模型的预测值。HP [kJ/($kg^{0.75}\cdot d$)] = 120.7±21.1 + 11.4±0.2HR (次/min; $R^2=0.77$);VO_2 [L/($kg^{0.75}\cdot d$)] = 8.06±0.95 + 0.49±0.008HR (次/min; $R^2=0.75$)。

5.3.2 空气温度

夜间(7~21℃)气温升高不影响任何响应变量,而白天(16~32℃)气温升高会降低 HP、VO_2 和 VCO_2,而 HR 和 RQ 有下降趋势(P 分别为 0.058 和 0.078)。O_2P 和 HPP 均不受白天气温升高的影响(表 5-3)。

表 5-3 HP、HR、VO_2、VCO_2、RQ、O_2P、HPP 随昼夜温度的回归斜率[1]

项目	斜率		SEM	P 值		
	白天(05:00—21:00)	夜间(21:00—05:00)		白天[1]	夜间[1]	白天与夜间[2]
HP/[kJ/($kg^{0.75}\cdot d\cdot$℃)]	-2.079 4	0.337 2	0.666 3	0.005	0.618	0.019
HR/[次/(min·℃)]	-0.116 2	-0.045 07	0.057 72	0.058	0.444	0.394
VO_2/[mL/($kg^{0.75}\cdot d\cdot$℃)]	-89.35	12.41	30.13	0.008	0.685	0.027
VCO_2/[mL/($kg^{0.75}\cdot d\cdot$℃)]	-135.4	30.79	39.69	0.003	0.447	0.008
RQ/(units/℃)	-0.000 81	0.000 337	0.000 435	0.078	0.448	0.078

(续表)

项目	斜率		SEM	P 值		
	白天 (05:00— 21:00)	夜间 (21:00— 05:00)		白天[1]	夜间[1]	白天与 夜间[2]
O_2P/[μL O_2/(kg$^{0.75}$·次·℃)]	-0.250	0.402	0.281	0.390	0.167	0.118
HPP/[J/(kg$^{0.75}$·次·℃)]	-0.007 07	0.009 486	0.006 108	0.261	0.136	0.070

[1] P 值表示斜率不同于 0 的显著性水平。
[2] P 值用于白天和夜间斜率的统计学差异。

5.3.3 动物姿势、活动和采食量

混合效应回归模型显示静息（空腹+躺下）时的 HP 为 (811±11) kJ/(kg$^{0.75}$·d)。HP、HR 和 VO_2 随进食、反刍和站立的增加而增加，VCO_2 随进食和站立的增加而增加，但反刍时没有变化。RQ 随进食而升高，随反刍和站立而降低。由于动物活动和姿势对 VO_2、HR、HP 的影响不成正比，进食时 O_2P 降低，反刍和站立时 O_2P 升高，而反刍时 HPP 仅升高（表5-4，图5-2）。

表 5-4 基于混合效应回归模型和 LSM 差异[1]（均值±SEM），进食与空腹、反刍与空腹、站立与躺下时 HP、HR、VO_2、VCO_2、RQ、O_2P 和 HPP 的差异

项目	活动状态			P 值		
	进食与 空腹	反刍与 空腹	站立与 躺下	进食与 空腹	反刍与 空腹	站立与 躺下
混合效应回归模型[1]						
HP/[kJ/(kg$^{0.75}$·d)]	223 ± 11	45 ± 6	53 ± 6	<0.001	<0.001	<0.001
HR/(次/min)	16.4 ± 0.8	1.1 ± 0.5	4.0 ± 0.4	<0.001	0.016	<0.001
VO_2/[L/(kg$^{0.75}$·d)]	8.72 ± 0.49	2.64 ± 0.28	2.81 ± 0.27	<0.001	<0.001	<0.001
VCO_2/[L/(kg$^{0.75}$·d)]	16.96 ± 0.71	0.40 ± 0.40	1.56 ± 0.38	<0.001	0.324	<0.001
RQ	0.147 ± 0.007	-0.063 ± 0.004	-0.037 ± 0.004	<0.001	<0.001	<0.001
O_2P/[μL O_2/(kg$^{0.75}$·次)]	-10 ± 4	21 ± 2	4 ± 2	0.006	<0.001	0.045

（续表）

项目	活动状态			P 值		
	进食与空腹	反刍与空腹	站立与躺下	进食与空腹	反刍与空腹	站立与躺下
HPP/[J/(kg$^{0.75}$·次)]	0.08 ± 0.08	0.33 ± 0.05	0.02 ± 0.05	0.328	<0.001	0.729
LSM 差异[2]						
HP/[kJ/(kg$^{0.75}$·d)]	217 ± 16	49 ± 9	57 ± 11	<0.001	<0.001	<0.001
O$_2$P/[μL O$_2$/(kg$^{0.75}$·次)]	-22 ± 6	19 ± 3	10 ± 5	<0.001	<0.001	0.031
HPP/[J/(kg$^{0.75}$·次)]	-0.20 ± 0.13	0.31 ± 0.06	0.16 ± 0.10	0.119	<0.001	0.105

[1] 混合效应回归模型将奶牛作为随机效应，进食、反刍和站立时间的比例作为自变量。

[2] 动物姿态和活动组合为固定效应，奶牛为随机效应的混合模型。通过模型的 LSM 差异对不同姿势和活动进行评价。

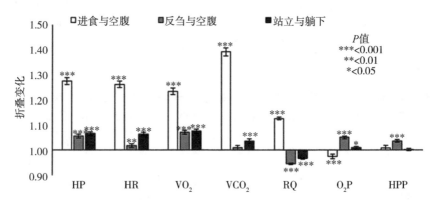

图 5-2 进食与空腹、反刍与空腹、站立与躺下时产热（HP）、心率（HR）、耗氧量（VO$_2$）、二氧化碳产量（VCO$_2$）、呼吸商（RQ）、氧脉冲（O$_2$P）和产热脉冲（HPP）的折叠变化

误差条表示平均标准误差。

进食时间占比与采食量相关性较高（$r = 0.885$；$P < 0.001$）；因此，随着采食量的增加，HP、VO$_2$、VCO$_2$、HR 和 RQ 也增加。但随着采食量的增加，O$_2$P 略有降低，HPP 不受影响（表 5-5）。

正如预期的那样，站立时间比例与进食时间比例呈正相关（$r =$

0.588；$P<0.001$），但与空腹或反刍时间比例呈负相关（$r=-0.368$ 和 $r=-0.079$；$P<0.004$）。

表5-5 随着采食量（kgDM/h）增加，模型对HP、HR、VO_2、VCO_2、RQ、O_2P 和 HPP[1] 的影响系数（平均值±SEM）

项目	截距		DMI 速率（kg/h）		R^2
	估计值	P 值[1]	估计值	P 值[1]	
HP/[kJ/($kg^{0.75}$·d)]	853 ± 12	<0.001	59 ± 2	<0.001	0.53
HR/(次/min)	64.7 ± 1.3	<0.001	4.5 ± 0.1	<0.001	0.61
VO_2/[L/($kg^{0.75}$·d)]	39.6 ± 0.6	<0.001	2.3 ± 0.1	<0.001	0.49
VCO_2/[L/($kg^{0.75}$·d)]	44.0 ± 0.6	<0.001	4.4 ± 0.1	<0.001	0.61
RQ	1.115 ± 0.006	<0.001	0.038 ± 0.001	<0.001	0.48
O_2P/[μL O_2/($kg^{0.75}$·次)]	426.3 ± 9.2	<0.001	-3.7 ± 0.6	<0.001	0.64
HPP/[J/($kg^{0.75}$·次)]	9.19 ± 0.20	<0.001	0.001 ± 0.012	0.932	0.64

[1] P 值表示差异于零的显著性水平。

5.4 讨论

本书研究了哺乳期奶牛全天的 HP 或 VO_2 与 HR（分别为 HPP 和 O_2P）之间的比值，评估了在不同气温、动物姿势（躺着或站着）和活动（空腹、反刍或进食）下这些关系。我们证明了基于 HR 测量准确估计 HP 是可能的，因为 HR 的变化是响应动物活动引起的能量需求增加的主要成分。

平均 O_2P 值与 Brosh（2007）和 Aharoni（2003）等报道的哺乳期荷斯坦奶牛的报告 [(450±14) 和 (421±14) μL O_2/($kg^{0.75}$·次)（平均值±标准差)] 一致，略低于 Talmón 等报道的哺乳期中后期荷斯坦奶牛的报告 [(521±48) 和 (473±45) μL O_2/($kg^{0.75}$·次)（平均值±标准差），分别为 2020 年和 2022 年]。

5.4.1 HP 或 VO_2 与 HR 的比值

VO_2 与 HR 呈正相关，根据 Brouwer（1965）的公式，VO_2 占总 HP 的 75%，因此 HP 也与 HR 呈正相关。然而，VO_2 和 HR 之间以及 HP 和

HR 之间的关系高度依赖于每头奶牛，因为 33% 的变化是由奶牛截距解释的，而回归系数是相似的，这表明使用 O_2P 或 HPP 的单个值来根据 HR 估计 HP 确实是必要的。当用奶牛效应调整 HP 或 VO_2 与 HR 之间的关系时，HR 分别解释了 HP 和 VO_2 变化的 77% 和 75%。这与 Brosh 等（1998）和 Puchala 等（2007）的结论一致，他们报道了动物之间的 HPP 比动物内部的变化更大，并得出结论，为了提高 HR 估计 HP 的准确性，应该为每只动物建立 HR 和 HP 之间的关系。但在本试验中，动物之间的 HP、VO_2 和 HR 的差异小于动物内部的差异，这可以通过选择执行试验的奶牛之间的 DIM、产奶量和 BW 的相似性来解释，并且所有奶牛只使用一种日粮。然而，对于 O_2P 和 HPP，动物间的差异大于动物内的差异，这再次表明，为了通过测量 HR 来提高 HP 估计的准确性，必须计算每只动物的 HP 或 VO_2 与 HR 之间的比值（附表 5-2）。

5.4.2 气温的影响

温度升高只在白天降低了 HP、VO_2 和 HR，这可能是因为温度（16~32℃）高于夜间（7~23℃）。在短期暴露于高温下，奶牛会增加 HR 以增加外周血流量来增加热量损失，但 HR 的增加并不伴随着 VO_2 的增加。然而，当奶牛遭受慢性和中度热应激时，如本试验中，HR 通常会下降，这与长期暴露在高环境温度下的 HP 降低有关（Kadzere 等，2002）。此外，心率不受温度升高的影响程度与直肠温度和呼吸频率相同（Muller 和 Botha，1993）。本试验奶牛的呼吸频率随着温度的升高而增加（Zhou 等，2022），而 HR 降低，O_2P 保持不变，说明呼吸频率的增加不影响 HR 与 VO_2 之间的线性关系。呼吸频率增加与分钟通气（肺每分钟吸入或呼出的空气量）增加以增加散热有关，但这一机制可能对动静脉氧差或储气量没有太大影响，因为 VO_2 的降低可以通过与 HR 降低相关的心排血量（L/min）的减少来解释。

Brosh 等（1998）发现，澳大利亚昆士兰州夏季暴露于太阳辐射所施加的高热负荷（黑球温度为 45℃）不影响育成肉牛的 O_2P，而 Aharoni 等（2003）报道，对于高产荷斯坦奶牛，在温度湿度指数（NRC，1971）高于 75 时，O_2P 适度下降，原因是 VO_2 下降，HR 不变。在测试的温度范围内，O_2P 和 HPP 不受影响，但 HPP 和 O_2P 的相互作用趋势以及测试的温度范围（夜间与白天）与 Aharoni 等（2003）报告的工作指向相同的方向，后者具有更极端的热负荷。这说明气温对 O_2P 和 HPP 的影响是非线性的，必须加以考虑，以免过高估计极端热应激下奶牛的 HP。

5.4.3 动物姿态、活动和采食量对 O_2P 的影响

进食是最能增加 HP、VO_2 和 HR 的活动，这与之前的研究一致，该研究报告了室内饲养奶牛（Purwanto 等，1990）和放牧奶牛（Talmón 等，2022）进食期间的 HR 显著增加。进食与心血管变化有关，有助于提高动物的代谢率（Osuji，1974）。动物组织增加 HP 和 VO_2 需要增加 O_2 提取量（动静脉 O_2 差）或增加心排血量，这反过来又需要增加心脏的每搏量或增加 HR（Purwanto 等，1990）；因此，它可能会影响进食时 HP 或 VO_2 与 HR 的比例。在本试验中，进食时 HR 的响应超过了 VO_2 的响应，从而降低了 O_2P（2.5%±0.9%），这可能导致使用 O_2P—HR 法低估了进食时 HP。然而，在实践中，O_2P 的轻微下降不会对 HP 的估计产生重大偏差，因为奶牛每天只花 17% 的时间进食。此外，O_2P 估算的 HP 假定 VO_2 对 HP 的贡献是恒定的。基于在实际条件下 RQ 等于 1.0 的假设（McLean，1972），用 20.47 kJ/L 的 O_2 值将 VO_2 的估价值转换为 HP 的估价值（Brosh 等，1998；Talmón 等，2020，2022）；然而，最近的研究报道，奶牛的 RQ 通常大于 1.0（van Gastelen 等，2017，2020；Morris 等，2020），这与饲粮碳水化合物的瘤胃厌氧发酵和脂肪酸的从头合成有关（Gerrits 等，2015），因此，该值可能低估了奶牛的 HP。在本试验中，根据平均 RQ=1.14 计算的 O_2 消耗值为 21.67 kJ/L，可以正确估计 HP 值，与 McLean（1972）建议的系数估算的 HP 值相比，增加了 5.9%。因此，与计算中使用 RQ 值相关的误差将导致每日 HP 估计的更大偏差，而不是进食期间 O_2P 的轻微下降。另外，进食时 O_2P 的降低被 RQ（12.7%±0.6%）的增加所补偿，这导致进食时 HPP 不受影响。这说明了在进食过程中 HPP 相对于 O_2P 的附加价值。或者，考虑 O_2P 常数，从而忽略它在进食期间的下降，只会导致 HP 估计的微小误差。此外，RQ 在动物间表现出较低的变异系数（1.8%，附表 5-2），这表明对于处于相似生理状态、生产水平和饮食的奶牛，可以使用单一值。进食和空腹之间的 HPP 没有变化，这表明可以通过简单地测量奶牛的 HR 来估计在空腹的基础上进食时能量消耗的增加。虽然在 TMR 喂养的奶牛中评估了进食时的 O_2P，但根据 Berhan 等（2006）发表的研究，也可以预期在放牧期间 VO_2 或

HP与HR之间的关系保持稳定，在放牧期间，进食与步行相结合，以找寻和选择食物。

在本试验中，采食量（DMI/37.8min）与相对进食时间（%进食时间/37.8min）之间存在高度相关性，这表明瞬时采食量没有显著差异，因为所有奶牛的日粮成分相似，进食时间较长可以解释较高的采食量。这与Susenbeth等（2004）的研究结果一致，Susenbeth等曾报道，进食的能量消耗主要受动物进食时间的影响，而不是受摄入量的影响。

与进食时一样，反刍时的HP、VO_2和HR也比空腹时增加；而HP和VO_2的增量均大于HR的增量，因此反刍过程中O_2P和HPP均有所增加［分别为（5.1±0.5）%和（3.6±0.5）%］。反刍过程中这种增加的原因尚不清楚。可能反刍活动通常发生在进食之后（Hedlund和Rolls，1977；Gibb等，1997），不允许区分饲养热量增加的HP（Blaxter，1989）和反刍肌肉活动产生的HP。根据生态学的代谢理论，组织对O_2需求的增加可以通过心排血量的变化或O_2提取量的变化来满足。餐后心排血量的增加是由于心率和搏量的显著增加（Kelbaek等，1989；Waaler等，1991；Sidery和MacDonald，1994），以及在氧气提取（Grant等，1997）。因此，进食后状态下心血管系统的反应不能仅仅与HR的变化有关。因此，McPhee等（2003）报道，进食后HR并没有明显增加，与观察到的VO_2增加相匹配，导致O_2P更高，这表明HR可能不能准确反映餐后状态下的能量需求。然而，在目前的工作中，由于我们没有测量O_2提取量和每搏量，因此不可能正确地解释进食后对VO_2（和HP）与HR之间关系的影响。

姿势（站立与躺下）的影响导致HR的差异（6.4%±0.7%），尽管站立时的O_2P比躺下时高，但差异（1.0%±0.5%）可以忽略不计。因此，动物的姿势几乎不影响VO_2和HR之间的关系；因此，使用O_2P—HR技术估算HP的精度几乎不受奶牛姿势的影响，因为HR的变化是响应动物姿势变化的主要组成部分。

当应用O_2P—HR法时，在牛站立和空腹的短时间内测量每头牛的O_2P。根据观察到的活动和姿势之间O_2P的差异，我们可以估计由于使用为每头牛测量的单一O_2P值而导致的每日HP估计的偏差。例如，当放牧的奶牛每天分别花37%和30%的时间进食和反刍，40%的时间躺着（Dohme-Meier等，2014），对日VO_2的估计只会产生0.2%的偏差。对于非放牧奶牛，进食时间少（28%），但反刍和空腹时间与放牧奶牛相似（分别为 31% 和 43%；Dohme－Meier 等，2014），日 VO_2 的估计偏差为 0.5%。这说明，通过连续测量 HR 并在奶牛站立和空转时使用单个 O_2P 值来测量每头奶牛，可以准确估计奶牛的每日 VO_2。

5.4.4 站立、反刍和进食的能量消耗

先前报告的站立的能量消耗在每天 51~60kJ/$kg^{0.75}$（ARC，1980；Susenbeth 等，2004；Suzuki 等，2014），但在这项研究中，站立比躺下的 HP 增加百分比低于之前报道的 steer 和 non-lactating 荷斯坦奶牛（6.5% vs. 14% 和 15%）（Susenbeth 等，2004；Suzuki 等，2014）。与上述研究相比，本试验静息（空腹+躺下）时的 HP 高 1.8~2.3 倍，这与哺乳期奶牛的代谢高于生长期或非哺乳期动物有关。

反刍时的能量消耗与站立时的能量消耗相似。在这项研究中，反刍的能量消耗分别比绵羊和非泌乳奶牛低 30% 和 33%（Graham，1964；Suzuki 等，2014），但接近 Susenbeth 等（1998）报道的牛的范围（每天 47~56kJ/$kg^{0.75}$）。反刍能量消耗报告的可变性表明了测量这一活动的困难，因为反刍体力活动的能量消耗与采食量相关的热量增量相混淆。

在本研究中，进食所消耗的能量比反刍和站立所消耗的能量高 4~5 倍。进食的能量消耗与 Susenbeth 等（1998）发表的数据一致，该数据基于 8 项使用不同饲料和牛类型的研究的平均值[（179±58）kJ/（$kg^{0.75}$·d）]，但它比 CSIRO（2007）提出的抓挠和咀嚼的成本低 28%[308 kJ/（$kg^{0.75}$·d）]，这是根据绵羊食用不同饲料的大量估计得出的（Osuji，1974）。此外，当采食量每增加 1kg DM/h 时，HP 每天增加 59kJ/$kg^{0.75}$，但这一增加可能因饲料特性而有很大变化。与 Susenbeth 等（2004）的观点一致，预计是进食时间而不是采食量解释了食用 HP 的变化。然而，当以单位进食时间为单位表达时，饲料之间的 HP 差异会减小，这表明咀嚼次数或进食时间是摄入能量需求的主要决定因素（Osuji，1973；Adam 等，1984；Susenbeth 等，2004）。在本试验中，奶牛食用相同的日粮，HP 与采食量相关，采食量与进食时间比例高度相关。此外，当通过瘤胃插管引入饲料时，HP 没有增加，这表明进食和咀嚼活动是导致摄入期间 HP 增加的主要因素（Susenbeth 等，2004）。最后，考虑到进食的能量消耗受进食和咀嚼活动的影响，而不是受胃肠道中饲料的影响，

进食和反刍能量消耗之间的差异很可能是由咀嚼活动和一些骨骼肌活动的差异来解释的（Suzuki 等，2014）。

在本试验中，喂食 TMR 的奶牛白天消耗的时间（17%）比放牧的奶牛（37%）或在牛舍喂食之前切割并提供相同饲草的奶牛（28%）少，但它们花在反刍上的时间比只喂食饲草的奶牛多（39%与31%；参见 Dohme-Meier 等，2014）。基于上述活动的能量成本（进食 vs. 空腹和反刍 vs. 空腹），并假设本试验中奶牛的维持能量需求为 NASEM（2021）最近报告的 $628kJME/(kg^{0.75} \cdot d)$，放牧奶牛的维持能量需求将增加 6.2% $[39 kJ/(kg^{0.75} \cdot d)]$，而在牛舍中喂养相同饲草的奶牛，与食用 TMR 的对照组相比，每天增加 3.2% $[19 kJ/(kg^{0.75} \cdot d)]$。这表明了进食时间对维持能量需求的影响，应该注意的是，由于步行活动，这种增加在放牧动物中应该更大。

5.5 小结

研究发现基于 O_2P-HR 技术的 HP 估算值仅在 8~32℃ 范围内受空气温度的轻微影响。由于 O_2P 和空气温度之间潜在的非线性关系，在短期热应激或超过试验外部条件的热负荷下应用该方法时需要谨慎。与躺下和空腹相比，站立和进食分别对 O_2P 有轻微影响，但这些变化并不代表 HP 估计的主要偏差（<2.5%）。然而，反刍增加了 O_2P，这可能是因为在进食后状态下，当这种活动发生时，心血管系统的变化不仅可以通过 HR 的变化来解释。因此，在使用 O_2P-HR 方法对 HP 估计进行解释时必须谨慎。结果表明，通过连续测量 HR，并在奶牛站立和空腹时使用单个 O_2P 值来测量每头奶牛，可以准确地估计奶牛的 HP。

参考文献

ADAM I, YOUNG B A, NICOL A M, et al, 1984. Energy cost of eating in cattle given diets of different form. Anim Prod, 38: 53-66.

AHARONI Y, BROSH A, KOURILOV P, et al, 2003. The variability of the ratio of oxygen consumption to heart rate in cattle and sheep at different hours of the day and under different heat load conditions. Livest

Prod Sci, 79: 107-117.

ALFERINK S J J, HEETKAMP M J W, AND GERRITS W J J, 2015. Computing energy expenditure from indirect calorimetry data: a calculation exercise. Pages 275 - 283 in Indirect Calorimetry. Techniques, Computations and Applications. W. J. J. Gerrits and E. Labussière, ed. Wageningen Academic Publishers, Wageningen, the Netherlands.

ARC (Agricultural Research Council), 1980. The nutrient requirements of ruminant livestock. Common wealth Agricultural Bureau, Farnham Royal, UK.

BERHAN T, PUCHALA R, GOESTSCH A L, et al, 2006. Effects of walking speed and forage consumption on energy expenditure and heart rate by Alpine does. Small Rum Res, 63: 119-124.

BROSH A, 2007. Heart rate measurements as an index of energy expenditure and energy balance in ruminants: a review. J Anim Sci, 85: 1213-1227.

BROSH A, AHARONI Y, DEGENA A, et al, 1998. Estimation of energy expenditure from heart rate measurements in cattle maintained under different conditions. J Anim Sci, 76: 3054-3064.

BROUWER E, 1965. Report of Sub - Committee on Constants and Factors. Pages 441-443 in: Proceedings of the 3rd Symposium on Energy Metabolism. K. L. Blaxter, ed. Academic Press, London, UK.

BUTLER P J, GREEN J A, BOYD L L, et al, 2004. Measuring metabolic rate in the field: the pros and cons of the doubly labelled water and heart rate methods. Funct Ecol, 18: 168-183.

CSIRO (Commonwealth Scientific and Industrial Research Organisation), 2007. Nutrient requirements of domesticated ruminants. CSIRO Publishing, Melbourne, Australia.

CVB (Centraal Veevoederbureau), 2018. CVB Feed Table 2018. Chemical composition and nutritional values of feedstuffs. Federatie Nederlandse Diervoederketen, Zoetermeer, the Netherlands.

FICK A, 1870. Uber die Messung des Blutquantums in den Herzventrikeln. Sitz Physik Med Ges, 2: 16.

GERRITS W J J, VAN DEN BORNE J J G C, and LABUSSIÈRE E, 2015. Deriving heat production from gaseous exchange: Validity of the approach. Pages 19-34 in Indirect Calorimetry. Techniques, Computations and Applications. W. J. J. Gerrits and E. Labussière, ed. Wageningen Academic Publishers, Wageningen, the Netherlands.

GIBB M J, HUCKLE C A, NUTHALLR, et al, 1997. Effect of sward surface height on intake and grazing behaviour by lactating Holstein Frisian cows. Grass Forage Sci, 52: 309-321.

GRAHAM N McC, 1964. Energy cost of feeding activities and energy expenditure of grazing sheep. Aust J Agric Res, 15: 969-973.

GRANT D A, FEWELL J E, WALKER A M, et al, 1997. Oxygen transport and utilization during feeding in the young lamb. J Physiol, 503: 195-202.

HEDLUND L, ROLLS J, 1977. Behavior of lactating dairy cows during total confinement. J Dairy Sci, 60: 1807-1812.

HEETKAMP M J W, ALFERNIK S J J, ZANDSTRA T, et al, 2015. Design of climate respiration chambers, adjustable to the metabolic mass of subjects. Pages 35-56 in Indirect Calorimetry. Techniques, Computations and Applications. W. J. J. Gerrits and E. Labussière, ed. Wageningen Academic Publishers, Wageningen, the Netherlands.

KADZERE C T, MURPHY M R, SILANIKOVE N, et al, 2002. Heat stress in lactating dairy cows: a review. Livest Prod Sci, 77: 59-91.

KELBAEK H, MUNCK O, CHRISTENSEN N J, et al, 1989. Central haemodynamic changes after a meal. Brit Heart J, 61: 506-509.

McLEAN J A, 1972. On the calculation of heat production from open-circuit calorimetric measurements. Br J Nutr, 27: 597-600.

McPHEE J M, ROSEN D A S, ANDREWS R D, et al, 2003. Predicting metabolic rate from heart rate in juvenile Steller sea lions Eumetopius jubantus. J Exp Biol, 206: 1941-1951.

MORRIS D L, BROWN-BRANDL T M, HALES K E, et al, 2020. Effects of high-starch or high-fat diets formulated to be isoenergetic on energy and nitrogen partitioning and utilization in lactating Jersey cows. J

Dairy Sci, 103: 4378-4389.

MULLER C J C, and BOTHA J A, 1993. Effect of summer climatic conditions on different heat tolerance indicators in primiparous Friesian and Jersey cows. S Afr J Anim Sci, 23: 98-103.

NRC (National Research Council), 1971. A guide to environmental research on animals. National Academy of Sciences, Washington, DC, USA.

OSS D B, MARCONDES M I, MACHADOF S, et al, 2016. Technical note: Assessment of the oxygen pulse and heart rate method using respiration chambers and comparative slaughter for measuring heat production of cattle. J Dairy Sci, 99: 885-8890.

OSUJI P O, 1973. Ruminant energy metabolism: An analysis of the heart increment of feeding in sheep. PhD Thesis. University of Aberdeen.

OSUJI P O, 1974. The physiology of eating and the energy expenditure of the ruminant at pasture. J Range Manag, 17: 437-443.

PUCHALA R, TOVAR-LUNA I, GOETSCHA L, et al, 2007. The relationship between heart rate and energy expenditure in Alpine, Angora, Boer and Spanish goat wethers consuming different quality diets at level of intake near maintenance or fasting. Small Rum Res, 70: 183-193.

PURWANTO B P, ABO Y, SAKAMOTO R, et al, 1990. Diurnal patterns of heat production and heart rate under thermoneutral conditions in Holstein Friesian cows differing in milk production. J Agric Sci, 114: 139-142.

SIDERY M B, and MACDONALD I A, 1994. The effect of meal size on the cardiovascular response to food ingestion. Br J Nutr, 71: 835-848.

SUSENBETH A, MAYER R, KOEHLERB, et al, 1998. Energy requirement for eating cattle. J Anim Sci, 76: 2701-2705.

SUSENBETH A, DICKEL T, SUDEKUMK H, et al, 2004. Energy requirements of cattle for standing and for ingestion, estimated by a ruminal emptying technique. J Anim Sci, 82: 129-136.

SUZUKI T, KAMIYA Y, TANAKA M, et al, 2014. Effect of fiber content of roughage on energy cost of eating and rumination in Holstein cows. Anim Feed Sci Technol, 196: 42-49.

TALMÓN D, GARCIA-ROCHE M, MENDOZA A, et al, 2020. Energy partitioning and energy efficiency of two Holstein genotypes under a mixed pasture-based system during mid and late lactation. Livest Sci, 239: 104166.

TALMÓN D, MENDOZA A, MATTIAUDA D A, et al, 2022. Holstein strain affects energy and feed efficiency in a grazing dairy system. Anim Prod Sci.

van GASTELEN S, DIJKSTRA J, BINNENDIJK G, et al, 2020. 3-Nitrooxypropanol decreases methane emissions and increases hydrogen emissions of early lactation dairy cows, with associated changes in nutrient digestibility and energy metabolism. J Dairy Sci, 103: 8074-8093.

vanGASTELEN S, VISKER M H P W, EDWARDS J E, et al, 2017. Linseed oil and DGAT1 K232A polymorphism: Effects on methane emission, energy and nitrogen metabolism, lactation performance, ruminal fermentation, and rumen microbial composition of Holstein-Friesian cows. J Dairy Sci, 100: 8939-8957.

WAALER B A, ERIKSEN M, and TOSKA K, 1991. The effect of meal size on postprandial increase in cardiac output. Acta Physiol Scand, 142: 33-39.

ZHOU M, AARNINK A J A, HUYNH T T T, et al, 2022. Effects of increasing air temperature on physiological and productive responses of dairy cows at different relative humidity and air velocity levels. J Dairy Sci, 105: 1701-1716.

附 录

第5章 空气温度对奶牛产热、心率和氧脉搏的影响

附表 5-1 不同 RH 和 AV 组合对 HP、HR、VO$_2$、VCO$_2$、RQ、O$_2$P 和 HPP[1] 的影响（平均值±SEM）

项目	处理组别[1]				P值
	RH_l + AV_l	RH_m + AV_l	RH_m + AV_m	RH_m + AV_h	RH_h + AV_l
	4	1	2	3	2	
本研究的数据集[2]						
奶牛数量						
HP/[kJ/(kg$^{0.75}$·d)]	866 ± 25	870 ± 50	914 ± 37	914 ± 30	882 ± 36	0.718
HR/(次/min^3)	68 ± 3	68 ± 6	67 ± 4	67 ± 3	66 ± 4	0.996
VO$_2$/[L/(kg$^{0.75}$·d)]	40.2 ± 1.2	40.3 ± 2.3	42.3 ± 1.7	42.2 ± 1.4	40.8 ± 1.7	0.731
VCO$_2$/[L/(kg$^{0.75}$·d)]	45.5 ± 1.3	45.5 ± 2.6	48.0 ± 1.9	48.1 ± 1.6	46.3 ± 1.9	0.668
RQ	1.14 ± 0.01	1.13 ± 0.02	1.14 ± 0.02	1.14 ± 0.01	1.14 ± 0.02	0.995
O$_2$P/[μL O$_2$/(kg$^{0.75}$·次)]	410 ± 18	410 ± 36	436 ± 26	438 ± 21	426 ± 26	0.837
HPP/[J/(kg$^{0.75}$·次)]	8.88 ± 0.39	8.88 ± 0.78	9.44 ± 0.55	9.50 ± 0.45	9.25 ± 0.55	0.825
完整数据集[4]						
奶牛数量	4	4	4	4	4	
HR/(次/min^5)	68± 1	70± 2	71± 1	67± 1	70± 1	0.569
VO$_2$/[L/(kg$^{0.75}$·d)]	39.9± 0.1	43.5± 0.1	42.0± 0.1	41.8± 0.1	40.3± 0.1	0.174

[1] RH 和 AV 水平（l=低；m=中等；h=高）。
[2] 数据来自本研究中使用的12头奶牛。
[3] 使用监控器自动测量。
[4] 数据来自 Zhou 等（2022）使用的20头奶牛。
[5] 在 06:00、10:00 和 18:00 手动测量。

附表 5-2 产热（HP）、耗氧量（VO_2）、二氧化碳产量（VCO_2）、心率（HR）、氧脉搏（O_2P）、产热脉冲（HPP）和呼吸熵（RQ）的日内、日间和日间变异系数（CV）

项目		HP	VO_2	VCO_2	HR	O_2P	HPP	RQ
1d 内的 CV^1/%	平均值	9.3	8.8	11.3	8.8	5.2	5.1	4.7
	标准差	1.0	1.0	1.0	1.4	0.7	0.7	0.3
	最大值	11.5	11.0	13.6	11.5	7.0	6.8	5.3
	最小值	8.1	7.7	10.1	6.9	4.1	4.2	3.9
动物间的 CV^2/%	平均值	5.2	5.3	5.2	6.6	7.4	7.4	1.8
	标准差	0.7	0.7	0.8	0.5	0.4	0.4	0.3
	最大值	6.4	6.4	6.6	7.2	8.3	8.2	2.4
	最小值	4.2	4.4	4.0	5.8	7.1	7.1	1.4
日间的 CV^3/%	平均值	2.3	2.3	2.4	2.5	1.4	1.4	0.7
	标准差	0.8	0.8	0.9	0.6	0.6	0.5	0.2
	最大值	3.5	3.6	3.5	3.4	2.4	2.2	1.1
	最小值	1.0	1.0	0.5	1.1	0.6	0.7	0.4

[1] 1 d 内的平均变化。
[2] 动物均值之间的差异。
[3] 日均值之间的变化。

第6章

预测奶牛热生理反应的温度调节模型开发和评估

6.1 引言

当奶牛暴露在超过其热舒适区的温度下时，它们需要付出大量的努力调节身体的温度，有时甚至无法散发足够的热量来维持身体的热平衡，这时奶牛就会处于一种被称为热应激的状态（Kadzere 等，2002）。奶牛散热的调节有3种方式：从被毛表面到环境的显热散热、皮肤表面的蒸发散热和呼吸散热。如果环境温度升高，来自被毛表面的显热散热减少，减少的这一部分散热由皮肤蒸发散热和呼吸散热的增加来补偿，当产热不能被散热平衡时，剩余的热量就会被储存在体内，最终导致体温升高（Mount，1979）。体温越高，皮肤表面与环境的温差越大，显热散热也就越大。然而，体温的升高会对奶牛的健康和动物福利产生负面影响。目前还缺乏一种能够准确模拟不同热条件下奶牛热应激的机理模型，这种模型对预测和预防奶牛热应激将是非常有利的。

热生理反应的模拟需要对两个关键部分进行详细建模：一个是奶牛的生理调节模型，另一个是处理从身体核心到环境的热和质量传递的散热模型。在过去的几十年里，已经开发了一些数学模型来计算奶牛的热量损失（Ehrlemark 和 Sällvik，1996；McArthur，1987）。这些年来，这些模型和方程从单一方程扩展到广泛的方程，导致复杂性极大地增加。McGovern 和 Bruce（2000）的模型是一个奶牛的稳态能量模型，由 153 个元素组成，描述了热环境、动物特征、通过身体组织、被毛层的热传递分布、向周围空气的热传递、呼吸道的散热以及体温的最终变化速率。Berman（2005）对该模型进行了调整，以使其适用于荷斯坦奶牛。Gebremedhin 和 Wu（2001）开发了一种结合传热和传质的机理模型来预测不同皮肤湿度和毛皮属性的蒸发和对流散热。该模型为在牛舍中应用降温措施以避免热应激时的散热提供了思路。Thompson 等（2014）开发了一个动态热交换模型，由 3 个状态变量组成，能够计算牛体核心温度对气温、蒸气压、太阳辐射和空气流速等气候因素的响应。Li 等（2021）通过考虑奶牛躺下时身体和地板之间的传导传热，对模型进行了改进。然而，模型的不同输入参数（如生理反应的估计）仍存在很大的不确定性。如上所述，对于这些现有的模型，对奶牛生理反应的描述都是几十年前发展起来的，缺乏验证或改进。因此，需要使用现代奶牛的最新数据全面解释生理反应，以实现更准确的体温调节模型。

因此，本书旨在建立一个高质量的动态计算模型，用于获取奶牛的热状态，包括其生理反应，以做到早期发现和预防热应激。为了实现这一目标，我们通过整合和改进前人研究的方程，建立了一个动态的温度调节模型，可以预测牛体核心、皮肤和被毛的温度。通过将预测值与气候控制呼吸室的测量结果进行比较，对模型进行了评价。研究了该模型在不同环境条件下，在较高温度范围内，以及短期/长期暴露于高温下的预测性能。此外，还模拟了环境温度（Ta）、相对湿度（RH）和风速（AV）对牛体核心温度和皮肤温度的影响。

6.2 材料和方法

6.2.1 模型开发

6.2.1.1 热平衡方程

Gagge 等（1972）的双节点模型常用于瞬态环境条件下热反应的评估。在我们的研究中应用了该模型结构，可以预测奶牛在变化的环境条件下的动态生理反应。牛体由两个同心圆柱体组成，分别代表核心层和皮肤层（图 6-1）。一层均匀的被毛覆盖全身的皮肤层。在我们的模型中忽略了从皮肤到地面的传导散热。

该模型基于身体核心和皮肤节点的能量平衡方程。在核心部位，热量

第 6 章 | 预测奶牛热生理反应的温度调节模型开发和评估

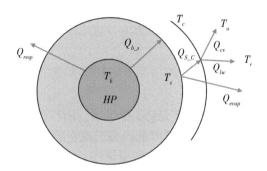

图 6-1 热平衡模型示意图

T_b：核心温度（℃）；T_s：皮肤温度（℃）；T_c：皮毛温度（℃）；T_a：空气温度（℃）；T_r：周围物体辐射温度（℃）；HP：代谢产热（W）；Q_{resp}：呼吸热量损失（W）；Q_{b_s}：身体核心与皮肤之间的传导热流（W）；Q_{evap}：皮肤表面出汗蒸发热量损失（W）；Q_{s_c}：皮肤与皮毛之间的传导热流（W）；Q_{cv}：皮毛表面对流散热（W）；Q_{lw}：皮毛表面长波辐射热流（W），不考虑传导热损失。

由新陈代谢（Heat Production，HP）产生，通过呼吸和传导至皮肤而散失。其余的核心能量被储存起来，导致核心温度上升。因此，身体核心节点的能量平衡方程为：

$$d(M_b c_{pb} T_b)/dt = HP - A_s(q''_{resp} + q''_{b\_s}) \quad \text{式 6-1}$$

皮肤节点处的能量平衡方程表示为：

$$d(M_s c_{ps} T_s)/dt = A_s(q''_{b\_s} - q''_{s\_c} - q''_{evap}) \quad \text{式 6-2}$$

皮毛层的能量平衡，假设皮毛中储存的热量较小而被忽略：

$$0 = q''_{s\_c} - q''_{cv} - q''_{lw} \quad \text{式 6-3}$$

奶牛的皮肤表面积（A_s，m²）由体重（M，kg）估算（Brody，1945）：

$$A_s = 0.14 M^{0.57} \quad \text{式 6-4}$$

皮肤部分的质量（M_s，kg）根据 Smith 和 Baldwin（1974）计算，身体核心部分的质量（M_b，kg）由总质量与皮肤质量之差计算：

$$M_s = 1.11 M^{0.51} \quad \text{式 6-5}$$

$$M_b = M - M_s \quad \text{式 6-6}$$

皮毛质量很小，可忽略不计。Gebremedhin 等（2016）报道的身体核心部分和皮肤部分的热容假设为 3 472 J/(kg·℃)。设定身体核心温度、皮肤温度和皮毛温度的初始条件为 38.5℃、30℃和 29℃开始模拟。

6.2.1.2 代谢产热

日代谢产热（HP，W）根据 CIGR（2002）的公式计算，并校正了气温：

$$HP = 5.6 \times M^{0.75} + 22 \times Y_m + 1.6 \times 10^{-5} \times D_p + 4 \times (20 - T_a)$$

式 6-7

M 指牛体重量，Y_m 指牛产奶量 kg/d，D_p 指怀孕天数。

然而，随着基因的改善和营养的提高，现在的奶牛可以生产更多的牛奶（Loker 等，2012），这意味着它们摄入更多的干物质，并产生更多的热量，因此更容易进入热应激（Zimbelman 等，2009）。CIGR 模型是基于 30 多年前的数据建立的，因此有必要评估该模型是否仍然适用于精确预测现代奶牛的产热。为了估计产热，使用了泌乳奶牛在气候控制呼吸室中的试验数据，详细描述见 2.2 节。

6.2.1.3 身体核心到皮肤的热传递

从身体核心传递到皮肤表面的热通量（q''_{b_s}，W/m²）计算为：

$$q''_{b\_s} = (T_b - T_s) / r_t$$

式 6-8

r_t 是指组织阻力，（m²·℃）/W。

通过对血液流速的生理控制，牛可以改变其组织阻力，从而调节从身体核心到皮肤层的传导热量。随着环境温度的升高，皮肤温度升高，导致身体核心和皮肤表面（T_b-T_s）之间的温度梯度减小。因此，必须降低组织阻力，代谢热量才能传递到皮肤表面，否则热量将储存在核心，导致身体核心温度升高。组织阻力通常有两个值，分别对应血管收缩（最大值）和血管舒张（最小值）。然而，关于环境条件变化引起的奶牛组织阻力变化的信息却很少。

在本研究中，组织阻力由身体核心到皮肤的热流和身体核心与皮肤之间的温度梯度是确定的，这种热流是代谢产热减去呼吸散热。通常测量组织阻力时，身体核心温度是恒定的（没有热量储存）。目前应用最广泛的热调节模型（Li 等，2021；Yan 等，2021a）来自 McArthur（1987），他们使用 Blaxter 和 Wainman（1964）的数据计算组织阻力，并假设呼吸散热值为 10W/m²。这将导致组织阻力估计不准确，因为呼吸散热随着环境温度的升高而增加（Maia 等，2005；Zhou 等，2022b）。在本试验中，牛体核心温度有净增加，因此在计算组织阻力时也考虑了牛体核心的蓄热。组织阻力计算如下：

$$r_t = (T_b - T_s) / (\frac{HP}{A_s} - q''_{resp} - q''_{store}) \qquad 式6\text{-}9$$

为了确定身体核心的热量储存，我们计算了上午和下午测量的身体核心温度差，然后通过从代谢产热中减去呼吸散热和热量储存来计算从身体核心到皮肤的传导热量。在寒冷的条件下，当奶牛必须通过收缩血管来减少散热以增加组织阻力时，达到组织阻力的最大值；在炎热的条件下，当奶牛不能通过扩张血管来散热时，达到组织阻力的最小值。根据McGovern 和 Bruce（2000）的说法，当 T_s 超过约 35.5℃ 的阈值时，r_t 在约 0.0156（m² · ℃）/W 几乎保持不变（最小值）。

6.2.1.4 皮肤到环境的热传递

从皮肤到被毛的热通量（q''_{s_c}，W/m²）计算为：

$$q''_{s\_c} = (T_s - T_c) / r_c \qquad 式6\text{-}10$$

其中，r_c 为被毛的整体热阻，（m² · ℃）/W，根据 McArthur 和 Monteith（1980）计算。

皮肤表面蒸发散热：皮肤表面出汗的蒸发散热（q''_{evap}，W/m²）由产生的汗液全部蒸发（q''_{sw}，W/m²）时皮肤的潜热损失取最小值确定，潜在蒸发率（q''_{po}，W/m²）由环境条件（Gash 和 Shuttleworth，2007）确定：

$$q''_{evap} = \min \cdot (q''_{sw}, q''_{po}) \qquad 式6\text{-}11$$

$$q''_{sw} = \lambda \times SW / 3\,600 \qquad 式6\text{-}12$$

$$q''_{po} = \frac{\frac{\gamma}{1\,000} \times 6.43(1 + 0.536 \times v_a)\left(\frac{VPD}{1\,000}\right)}{(\frac{\lambda}{1\,000})(\frac{m+\gamma}{1\,000})} \frac{\rho_s \times \lambda}{86\,400} \qquad 式6\text{-}13$$

$$m = \frac{5\,336}{T_a^2} e^{21.07 - (\frac{5336}{T_a})} \qquad 式6\text{-}14$$

式中，λ 为潜在性出汗气化热，J/g；SW 为出汗率，g/(m² · h)；γ 为湿度计算常数，66Pa/℃；v_a 为风速，m/s；VPD 是饱和蒸气压差，计算方法是取饱和蒸气压与皮肤层实际蒸气压之差，Pa；m 为饱和蒸气压曲线的斜率，Pa/℃；ρ_s 是汗液的密度，等于水的密度。

在高温下，皮肤的蒸发散热是奶牛散失热量的主要模式（Gebremedhin 和 Wu，2001）。在这项研究中，出汗率初步与身体核心温度和皮肤温度相对照，因为只有身体和皮肤温度被认为是奶牛的驱动因素（Thompson 等，2011）。皮肤温度似乎与出汗率更密切相关，因此在本研究中，拟合了出汗率对皮肤温度的指数函数。

皮毛表面与环境之间的热交换：通过皮毛的对流换热（q''_{cv}，W/m^2）由皮毛表面与周围空气之间的温度梯度决定：

$$q''_{cv} = k_a Nu (T_c - T_a)/D \qquad 式6-15$$

式中，k_a 为空气的热导率，$W/(m \cdot K)$；D 为模拟动物身体直径，m；Nu 是努塞尔特数（Monteith 和 Unsworth，2007）。

长波辐射以热辐射（q''_{lw}，W/m^2）的形式从环境向奶牛辐射，也可以从奶牛向其周围环境辐射，这取决于奶牛的温度和周围环境的温度。

$$q''_{lw} = \sigma \varepsilon_c [(T_c + 273.15)^4 - (T_r + 273.15)^4] \qquad 式6-16$$

式中，σ 是斯蒂芬—波尔兹曼常数，$5.67 \times 10^{-8} W/(m^2 \cdot K^4)$；$\varepsilon_c$ 是奶牛被毛对长波辐射的发射率。

6.2.1.5 通过呼吸作用进行热量传递

通过呼吸从身体核心到周围空气的热通量（q''_{resp}，W/m^2）计算为：

$$q''_{resp} = V_t RR (\rho_{ex} H_{ex} - \rho_a H_a)/60 A_s \qquad 式6-17$$

式中，V_t 为潮气量，m^3/次；RR 为呼吸速率，次/min；H_{ex} 和 H_a 分别为呼出空气和周围空气的焓，J/kg；ρ_{ex} 和 ρ_a 分别为呼出空气和周围空气的密度，单位为 kg/m^3。上述元素（不同温度下空气的焓和密度）的计算可以在 ASHRAE（2009）中找到。

呼吸频率（RR，次/min）总是与空气温度、RH、AV 等环境变量相关（Li 等 2020；Maia 等，2005）。Zhou 等（2022a）认为，当环境温度较低时，RR 几乎是恒定的，而 RR 开始增加的拐点温度因不同的 RH 和 AV 水平以及不同的暴露时间而不同。因此，利用环境变量很难准确地预测 RR。身体核心、皮肤温度在控制热量调节器中起着至关重要的作用。对数据的初步评估表明，RR 与皮肤温度高度相关。因此，本研究拟合了 RR 与皮肤温度之间的指数关系。

吸入的空气温度迅速接近体温，当空气进入肺部时达到体温，并被水蒸气饱和。当空气向外流时，它会与上呼吸道交换一些热量，这将降低温度和含水量，而它仍然是饱和的水蒸气（Walker 等，1962）。因此，在本研究中，呼出的空气温度被拟合为身体核心温度和皮肤温度的函数。

6.2.2 试验数据

试验数据来自 Zhou 等（2022a）在瓦赫宁根大学的气候控制呼吸室中对 20 头泌乳期荷斯坦·弗里斯牛［平均±标准差=2.0±0.7，泌乳天数（206±39）d，日产奶量（30.0±4.7）kg，体重（687±46）kg］进行的研究。空气温度和 RH 每隔 30s 记录一次，AV 每天记录 3 次，与动物相关的测量相同。产热量是根据动物消耗的氧气和产生的 CO_2 和 CH_4 计算的，每隔 15min 记录一次（Gerrits 和 Labussière，2015）。每天采集 3 次直肠温度、皮肤温度、被毛温度、呼吸频率、从皮肤表面和通过呼吸的感热散热和潜热散热。采集时间分别为 06:00、10:00、18:00，测量方法在 Zhou 等（2022b）中有详细描述。这项研究最初是为了确定环境条件对奶牛不同反应的影响，有 5 个处理（每个处理 4 头牛）结合不同的 RH 和 AV 水平（图 6-2）。具体而言，CRC 内的 Ta 在 8 d 内从夜间 7℃ 逐渐增加到 21℃，白天 16℃ 逐渐增加到 30℃（夜间和白天温度每天 2℃）。白天（d）和夜间（n）RH 水平分别为：RH_l（低）30（d）和 50%（n;）RH_m（中）45%（d）和 70%（n）；和 RH_h（高）60%（d）和 90%（n）。夜间 AV 保持自然速度（AV_l 0.1 m/s）。白天，AV_l（低）：0.1 m/s；或 AV_m（中）：1.0 m/s；或 AV_h（高）：1.5 m/s。对于 AV_m 和 AV_h，Ta 起始温度比 AV_l 高 2℃（18~32℃）。AV_m 和 AV_h 仅与 RH_m 结合，共 5 个处理。由于一头奶牛患有乳腺炎，它的试验数据被剔除。总共有 456 项与动物相关的测量。从每个处理中，随机选择一头牛用于测试该模型（占测量量的 26%），其余奶牛用于训练该模型（占测量量的 74%）。采用这种选择方法是为了避免不同处理造成的数据不均匀。

6.2.3 模型验证

使用 5 头奶牛的测试数据集（$n=120$）来评估模型的性能。从每个处理（共 5 个处理）中随机选择一头奶牛，在 8 天的试验期内，每天在 3 个不同的时间（06:00、10:00 和 18:00）进行测量，每头奶牛获得 24 个数据点。均方根误差（RMSE）反映了预测变量与观测变量的偏差。用平均偏差（MB）来确定系统偏差。

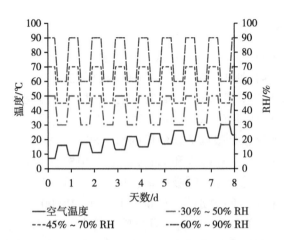

图 6-2 在 8d 试验期间，采用 3 个相对湿度（RH）处理水平来控制空气温度

07:00—10:00，温度和 RH 逐渐变化为白天水平，并保持不变，直到 19:00。19:00—22:00，温度和 RH 逐渐下降，进入夜间水平，并在第 2 天 07:00 前保持不变。

$$RMSE = \sqrt{\frac{\sum_{1}^{n}(O-P)^2}{n}} \quad \text{式 6-18}$$

$$MB = \frac{\sum_{1}^{n}(O-P)}{n} \quad \text{式 6-19}$$

其中，O 为观测值；P 为预测值；n 为观测数。

6.2.4 模型模拟

基于一头奶牛的一个处理进行了动态模拟，其中在白天 Ta 为 16~30℃，RH 为 60%；夜间 Ta 为 7~21℃，RH 为 90%，AV 约为 0.2m/s（风机关闭）。在为期 8d 的试验周期内，模拟了不同热通量下的身体核心、皮肤和被毛温度。将试验过程中的测量点与预测值进行定性比较。此外，以妊娠 100d、体重 600kg、产奶量 30kg 的代表性奶牛为研究对象，研究了 RH 和 AV 对奶牛生理反应的影响。在 0.2 m/s AV 条件下设置 4 个级别的 RH（30%~60%，增幅为 10%），在 60% RH 条件下设置 3 个级别的 AV（0.2、1.0 和 2.0 m/s 并结合增加 Ta（从 14℃增加到 32℃，增幅为2℃，作为环境输入。

6.3 研究结果

6.3.1 模型开发

图6-3显示了预测奶牛代谢产热的CIGR方程与试验中测量的产热数据的性能。对于现代奶牛的产热估计，MB和RMSE分别为19W和81W（平均观测产热的1%和6%），给出了足够准确的结果。因此，本模型采用CIGR方程。图6-4为式（6-9）计算的组织阻力。当皮肤温度从27℃增加到37℃时，组织阻力随皮肤温度几乎呈线性下降，关系式为：

$$r_t = -0.005 T_s + 0.195 \qquad 式6\text{-}20$$

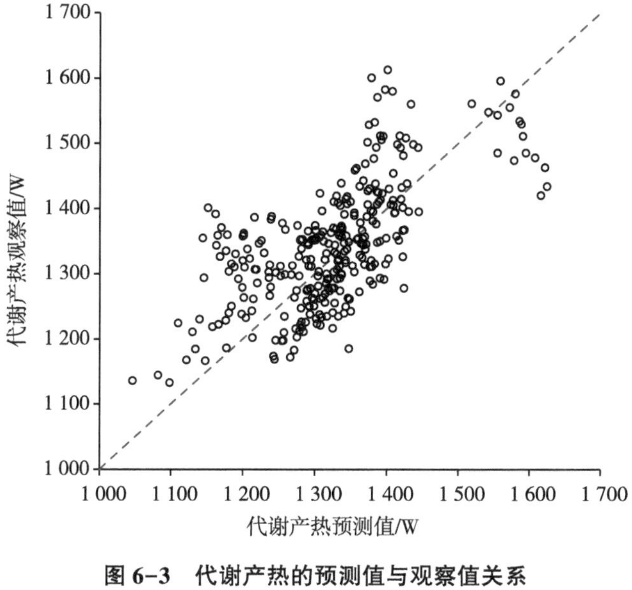

图6-3 代谢产热的预测值与观察值关系

包括19头奶牛的代谢产热（式6-7预测），在5个处理下，8个温度水平结合5个RH/AV水平（N=304），每天测量2次（2次挤奶）。虚线代表一个理想的预测。

训练数据集调整后的 $R^2 = 0.91$，表明91%的组织阻力方差由皮肤温度解释。

将排汗率与皮肤温度的指数函数拟合为调整 $R^2 = 0.20$：

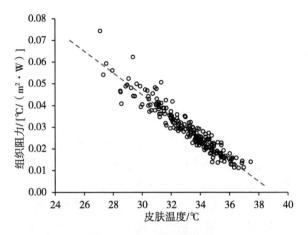

图 6-4 利用训练数据集

在 8 个温度水平下,结合 5 个 RH/AV 水平($n=336$)的处理下,估计奶牛的组织阻力与皮肤温度的关系。虚线表示拟合的回归线(式 6-20)。

$$SW = 0.312\, e^{0.173 T_s} \qquad 式 6\text{-}21$$

以皮肤温度作为预测指标,将出汗率模型与近期文献中其他两种模型进行了比较(图 6-5)。

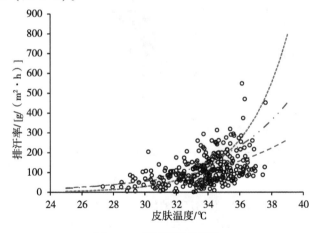

图 6-5 利用训练数据集

在 8 个温度水平下,结合 5 个 RH/AV 水平($n=336$)的处理下,估计奶牛的排汗率与皮肤温度的关系。---- 表示拟合的回归线(式 6-21)。—··—·· 和 ---线分别代表来自 Thompson 等(2011)($SW = 0.085\, e^{0.22 T_s}$)和来自 Maia 等(2008)[$SW = 91.97\, e^{(T_s - 33.11)/2.73}$]的出汗率模型。

RR 与皮肤温度呈指数关系，调整 $R^2 = 0.60$（图 6-6）：
$$RR = 1.5 \times 10^{-5} e^{0.41 T_s} + 21 \qquad 式6\text{-}22$$

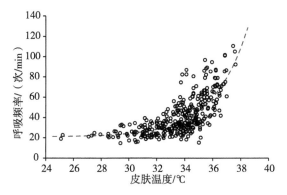

图 6-6 利用训练数据集

在 8 个温度水平下，结合 5 个 RH/AV 水平（$n = 336$）的处理下，估计奶牛的呼吸频率与皮肤温度的关系。虚线表示拟合的回归线（式 6-22）。

RR 的增加伴随着潮气量（Vt，m^3/次）的减少（调整 $R^2 = 0.68$），如图 6-7 所示：
$$V_t = 0.059\,1\,RR^{-0.674} \qquad 式6\text{-}23$$

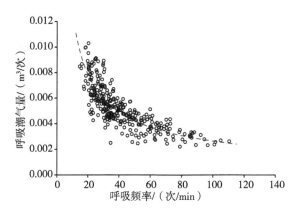

图 6-7 利用训练数据集

在 8 个温度水平下，结合 5 个 RH/AV 水平（$n = 336$）的处理下，估计奶牛的呼吸潮气量与呼吸频率的关系。虚线表示拟合的回归线（式 6-23）。

呼出的空气温度（Tex,℃）可以预测为身体核心温度和皮肤温度的函数，调整 $R^2 = 0.63$（图6-8）：

$$T_{ex} = 0.50 T_b + 0.21 T_s + 9.54 \qquad 式6-24$$

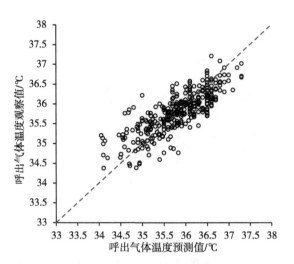

图6-8　利用训练数据集

在8个温度水平下，结合5个RH/AV水平（$n=336$）的处理下，呼出气体温度的预测值（式6-24预测）与观察值的关系。虚线代表一个理想的预测。

6.3.2　模型验证

生理变量模型评价结果如表6-1所示。对于测试数据集，预测的平均身体核心温度比观测温度高0.11℃。RMSE为0.30℃。与观测温度相比，预测皮肤和被毛温度的平均值分别高出0.59℃和0.63℃。皮肤温度和皮毛温度的RMSE均为1.2℃。由图6-9可知，模型在较长时间暴露于温热条件下，身体核心温度可能被高估，当环境温度较高时，可以较准确地预测皮肤温度。根据皮肤温度预测呼吸速率和出汗速率（图6-10）。模型高估呼吸速率1.2次/min。出汗率在观测值低值时被高估，高值时被低估。

表 6-1 奶牛生理反应的预测与观测平均值的统计分析结果

(n = 120，训练数据集包含 5 头奶牛，在 5 个处理下，
8 个温度水平，5 个 RH/AV 水平，每天 3 次测量)

	核心温度/℃	皮肤温度/℃	皮毛温度/℃	呼吸速率/min	出汗率/[g/(m^2·h)]
预测均值[1]	38.5±0.3	33.9±2.2	33.4±2.3	43±16	130±40
观测均值[2]	38.4±0.3	33.3±1.9	32.9±2.4	42±20	113±79
MB[3]	-0.11	-0.59	-0.63	-1.2	-8.3
RMSE[4]	0.30	1.2	1.2	11	59
相对 RMSE[5]	0.8%	3.7%	3.6%	27%	52%

[1] 预测均值是模型预测结果的平均值。

[2] 观测均值是观测值的平均值。

[3] MB 是预测的平均偏差。

[4] RMSE 是预测的均方根误差。

[5] 相对 RMSE 是相对于观测均值的 RMSE。

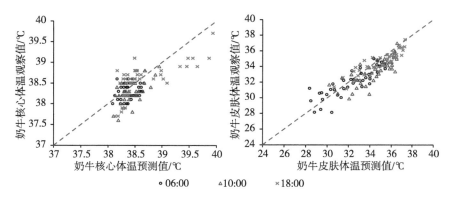

图 6-9 奶牛核心体温（左）和皮肤体温（右）的观测值与预测值的关系

虚线代表一个理想的预测关系，不同类型的点代表不同的测量时间。

6.3.3 模型模拟

图 6-11 为 8d 试验期间身体核心、皮肤和皮毛的预测和观测温度。预测体核温度前 5d 稳定在 38.2℃ 左右，第 6 天 10:00 气温上升至 26℃。在温暖的环境中暴露 8h 后，身体核心温度上升到 38.8℃，皮肤温度上升到 36.2℃，皮毛温度也呈相似的趋势。随着气温的下降，第 7 天 06:00 核

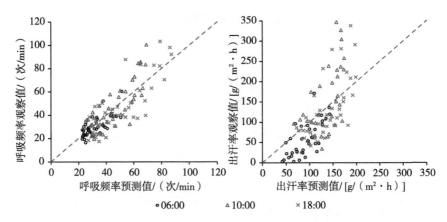

图 6-10 奶牛呼吸速率（左）和出汗率（右）的观测值与预测值的关系

虚线代表一个理想的预测关系，不同类型的点代表不同的测量时间。

心、皮肤和被毛温度分别下降到 38.5、35.3 和 34.8℃。第 8 天 07:00，环境温度从 21℃ 上升到 30℃，10:00 和 18:00，核心温度分别从 39.2℃ 上升到 39.9℃，皮肤和被毛温度分别从 36.7℃ 上升到 37.3℃ 和 36.5℃ 上升到 37.0℃。核心、皮肤和皮毛的温度大体上符合预测的动态模式，但有一些较大的偏离点。

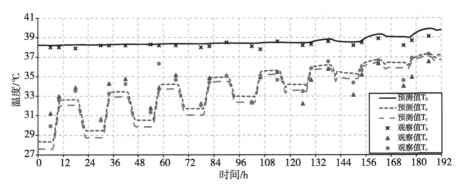

图 6-11 8d 试验期的核心温度（T_b）、皮肤温度（T_s）和皮毛温度（T_c）观测值与预测值结果（1 头奶牛，相对湿度 = 60%，风速 = 0.1m/s）

图 6-12 显示了 8d 试验周期内的预测和观测热量。在寒冷条件下，特别是夜间，皮毛表面的显热是皮毛散热的主要方式。从第 6 天开始，皮肤表面的蒸发变得重要，当环境温度为 26℃ 时，白天蒸发散热超过显热

散热。随着环境温度的升高，呼吸散热呈现相对稳定的趋势，只是略有增加。预测的热通量与观测的热通量普遍有较大的偏差。

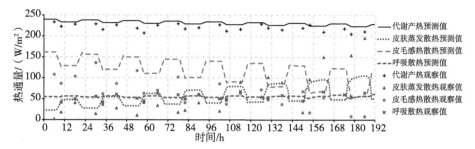

图 6-12 8d 试验期的代谢产热、皮肤蒸发散热、皮毛感热散热和呼吸散热观测值与预测值结果（1 头奶牛，相对湿度=60%，风速=0.1m/s）

图 6-13 给出了核心温度对 Ta 增大的模拟响应。在 4 个 RH 水平下，在 22℃之前，牛体核心温度相对稳定。在此基础上，在 50%和 60%RH 的环境条件下，核心温度在 24℃时明显升高，而在其他两个 RH 水平下，上升幅度相对较小。AV 对拐点温度的影响较大。在低 AV 时，奶牛在 24℃时开始升高核心温度，而在 2.0 m/s AV 时，这一拐点温度推迟到 28℃。随着环境温度的增加，AV 对核心温度的影响逐渐减小（环境温度越高，线越近）。

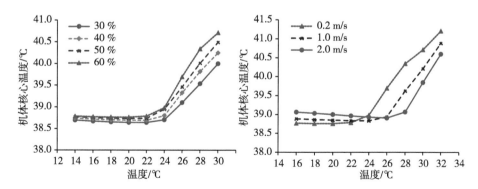

图 6-13 通过热平衡模型模拟的奶牛核心温度随环境温度变化的关系

风速 0.2m/s 条件下不同相对湿度对核心温度的影响的预测（左）和相对湿度 60%条件下不同风速对核心温度的影响的预测（右）。

6.4 讨论

6.4.1 模型验证

在 Ta、RH 和 AV 水平的试验范围内，对身体核心和皮肤温度的预测（表 6-1）总体上令人满意。该模型的核心温度 RMSE 比 Li 等（2021）的模型小得多：0.30℃ vs. 1.16℃ 和 0.40℃（两个数据集）。我们发现长暴露时间（8h）与短暴露时间（1h）在高环境温度条件下相比，预测到的和观测到的身体核心温度之间的差异相对更大（图 6-9）。原因可能是我们的模型中应用的出汗率方程低估了高温条件下的出汗率（图 6-10），这导致蒸发散热减少，导致长暴露时间在高环境温度下的身体核心中储存了更多的热量，从而预测了更高的身体核心温度。Li 等（2021）解释说，由于太阳辐射的负荷，奶牛们的身体核心温度（最低温度=39.0℃，最高温度=42.1℃）比正常情况下高得多。然而，他们的最低输入环境温度低于 20℃，因此即使有太阳辐射的负荷，奶牛也能应对。此外，没有文献报道直肠温度为 42.1℃ 的热应激奶牛，因为在实际情况中，即使 THI 在 85（Yan 等，2021b）以上，直肠温度最高也低于 41.5℃。身体核心温度升高 1℃ 或更低就足以降低（McDowell 等，1976）生产性能，这使得体温成为奶牛对热应激生理反应的敏感指标。可能的原因是 Li 等（2021）采用的组织阻力模型低估了从身体核心到皮肤层的传导热传递。皮肤温度在热调节中也起着主导作用。Yan 等（2021a）构建了 10 个预测奶牛皮肤温度的热模型，当将测量的核心温度作为输入数据时，发现预测精度最好（RMSE 为 0.65℃）。然而，与我们的模型结构相似的两个模型显示出较大的偏差，与本研究的 1.2℃ 相比，RMSE 分别为 2.2℃ 和 3.4℃。此外，我们的模型在预测热应激奶牛的皮肤温度方面也表现得更好，这与 Yan 等（2021a）的结果一致。在夜间凉爽条件下对皮肤温度的预测比在白天温暖条件下更差，原因可能是在低温条件下组织阻力预测模型误差较大（图 6-4），导致在低温条件下皮肤温度预测不准确。我们的模型见式 6-20 至式 6-24 来自在气候控制室中进行的试验。在这些控制室中，Ta、RH 和 AV 在较长时间内保持恒定。在实际的农场中，奶牛更容易受到动态环境的影响。这可能会影响奶牛对环境的反应。身体核心、皮肤绝对温度受到许多生理因素的影响（Jessen，2012；Singh等，2013），在现实生活中很难准确预测单个奶牛的绝对温度。本研究中的生理调节子模型包括组织阻力、出汗率、呼吸率、潮气量和呼出空气温度，是利用现代高产奶牛的最新数据，在旧方程的基础上新开发或改进的。如图6-4至图6-8所示，单头奶牛间、内部存在很大差异。如前所述，开发这种温度调节模型是为了预测热状态，以便早期检测热应激。我们的模型可以高精度地预测牛群的热响应，而个体变化很难确定。然而，准确预测单个奶牛的皮肤和体温通常也不那么重要，因为降温系统总是针对一群奶牛实施的，而且奶牛应该能够在冷和不那么冷的场所（例如使用风扇或喷头）之间进行选择。

在我们的研究中，身体核心、皮肤和被毛温度的模拟结果与观测值吻合良好（图6-11）。准确估计身体核心和皮肤温度可以作为显示奶牛热状态的合适指标（Becker等，2020）。然而，与试验观测数据相比，预测到皮肤显热损失和潜热损失存在很大差异（图6-12）。预测显热损失远高于观测值，预测潜热损失前5d高于观测值，后3d低于观测值。出汗率仅由皮肤温度决定，这使得出汗率对皮肤温度的敏感性确实很高。根据Jessen（2012）的说法，奶牛的体温调节效应机制可以通过皮肤温度的变化被激活或抑制，这与Thompson等（2011）对出汗率所做的Meta分析（包括12项研究的数据）一致。然而，根据da Silva等（2012）的研究，奶牛的不同身体部位在潜热损失方面表现出显著差异，从大到小排序依次为：颈部、腹部和臀部。但是在本研究中，对于验证数据，仅使用了腹部的潜热损失，这在表示全身潜热散热时可能缺乏准确性。此外，奶牛之间的出汗率存在较大差异（Gebremedhin等，2010），这与我们的试验数据一致（图6-5）。这表明，要准确预测单个奶牛的皮肤蒸发散热是非常困难的。在文献中，大多数出汗率数据是通过计算测量的蒸发水产生的汗液来确定的（Gatenby，1986；Gebremedhin等，2008；Maia等，2008）。当汗液蒸发受环境条件限制（如高Ta、高RH、低AV）时，这将导致对出汗率的低估，从而导致热平衡模型的预测误差。将出汗率模型与另外两个模型进行比较（图6-5），Maia等（2008）模型的指数方程在皮肤温度较高时急剧增大，导致出汗率的预测值偏高。Thompson等（2011）的模型比Maia等（2008）的模型更适合我们的训练数据集，但它高估了低皮肤温度条件下的出汗率。它更适合热带地区的奶牛，它们适应炎热的气候，在相同的皮肤温度下，比温带地区的奶牛出汗更多（Finch，1985）。

长波辐射传热取决于奶牛皮毛表面与周围环境辐射温度之间的温差。牛舍内与奶牛相互作用的环境或要素通常可以分为5个不同的组成部分：屋顶、墙壁、地板、牛舍内的设备和邻近奶牛。在我们的试验研究中，整个气候控制室内的温度在很长一段时间内都是相等的，所以周围元素的温度都是相同的，而在生产实践中周围元素的温度一般是不同的。目前用于验证的热平衡模型中使用的平均辐射温度等于环境空气温度，尽管不同元素（由于不同的热性质）将其温度改变到同一水平可能存在时间延迟。因此，我们的试验数据变化不大，辐射热损失很难被很好地估算。由于辐射热损失难以精确测量，因此很少有研究可用于评估辐射热损失。Hillman等（2001）使用红外高温计测量周围的辐射温度，然后用基本方程（式6-16）计算辐射热损失。他们报告说，长波辐射热对总热损失的贡献不到10%，略低于我们在类似环境条件下的模拟结果（10%~20%）。模型的输入应考虑奶牛表面与不同类型环境相互作用的百分比，以及每种类型环境的辐射温度和反射率，而这些数据在实际情况下不容易测量。通过地板的传导传热不包括在我们的模型中，因为当奶牛处于热应激状态时，奶牛最有可能是站立状态。站立时，奶牛与地板的接触极小，使得导热可以忽略不计。

我们的模型假设内部换热为纯传导过程，采用均匀的组织换热系数（组织阻力）来计算从身体核心传导到皮肤表面的换热率。本研究的组织阻力与皮肤温度有关，如图6-4所示。在他们的体温调节模型中，Thompson等（2014）沿用了Finch（1985）的组织阻力方程，该方程仅是身体核心温度的函数。然而，当环境温度升高时，皮肤温度也升高，而身体核心温度在凉爽条件下保持不变或比皮肤温度升高慢（Zhou等，2022a），这降低了身体核心温度与皮肤温度之间的温差，导致从身体核心到皮肤表面的热量传递减少。这样身体核心到皮肤表面的换热量会随着环境温度的升高而略有下降，这与实际情况不符（在热舒适区，身体核心到皮肤表面的换热量应该是恒定的）。

6.4.2 模型应用

正如在开始时提出的那样，这个热调节模型是为了提供有效和高效的管理建议来缓解牛舍内的热应激。Zhou等（2022a）报道，在低AV（风扇关闭）下，直肠温度上升的拐点 Ta 在 30%和 45%RH 时约为 25℃，这与我们的模拟输出（30%和 40%RH 时约为 24℃）一致。直肠温度的拐点 Ta 在 60%RH 时仅为 20℃（Zhou 等，2022a），略低于本研究的模拟预测（22℃，60%RH，图 6-13）。虽然预测在不同 RH 水平之间，牛体核心温度开始上升的拐点温度（22~24℃变化）差异不大，但在较高 RH 水平下，牛体核心温度的上升速度要大得多。这说明随着 Ta 的增加，高 RH 条件下的奶牛比低 RH 条件下的奶牛更难从体内散热。如果采用蒸发降温的方式将环境温度从 30℃降低到 24℃，则 RH 将从 30%升高到 60%（Zhou 等，2022a）。在这种情况下，核心温度可以从 40.0℃（30℃ Ta，30%RH）降低到 39.0℃（24℃ Ta，60%RH），如图 6-13 所示。如果风扇可以创造更高的风速（2.0m/s），即使在 60%RH 的情况下，奶牛也可以有更大的热中性温度区域，直到 28℃。Spiers 等（2018）也证实了 AV 的巨大影响，他们发现在 23.8℃没有风扇和在 33.2℃有风扇时，皮肤显热损失相似。Foroushani 和 Amon（2022）也根据他们的热平衡模型得出结论，身体核心温度升高的发生强烈依赖于 AV。模拟结果表明蒸发冷却（通过提高 RH 降低 Ta）可以有效缓解低 RH 下的热应激。在较为潮湿的气候条件下，蒸发降温的效益较弱，因为通过向空气（Berman，2009）中加水来降低 Ta 的空间很小，但可以通过使用风扇来增加对流热损失和潜在蒸发率来补偿。然而，随着 Ta 的不断增加，由于皮毛表面与环境空气的温差越来越小，高 AV 的效益越来越小（Zhou 等，2022b），Foroushani 和 Amon（2022）的模拟也证实了这一点，当 Ta 超过临界温度时，不同 AV 水平下的总散热量越来越接近。因此，在热带地区，洒水器的使用方法是将大的液滴直接喷洒于奶牛皮肤上（Tresoldi 等，2019），而不是将雾状的液滴喷洒于空气中用于空气冷却。由于水滴的蒸发受相对湿度的限制很小，当与增加风速相结合时，喷头的冷却效果可以得到增强。

总的来说，基于高产荷斯坦奶牛的最新数据，提出的模型改进了内部（组织阻力）、出汗和呼吸传热过程的描述，在各种环境条件组合下预测了身体核心、皮肤和皮毛温度，精度令人满意。利用该三节点模型，可以有效、可靠地评价热环境对奶牛热状态的影响，并为缓解热应激提供指导性信息。

6.5 小结

在本研究中,我们构建了一个体温调节模型来预测不同条件下身体核心和皮肤温度的动态变化。对预测性能进行了评估,结论如下:

①模型能够准确预测身体核心和皮肤温度(RMSE 分别为 0.30℃ 和 1.2℃)。

②该模型能够计算出奶牛蓄热的动态变化以及昼夜身体核心和皮肤温度的变化,其核心和皮肤温度的预测值高于暴露在温暖条件下较长时间的测量值。

③预测的环境温度、相对湿度和风速对奶牛生理反应的影响与试验结果一致。该模型可应用于实际中预测热应激的早期征兆,并为有效使用降温方法提供信息。

④在今后的工作中,还应考虑牛舍墙壁、屋顶、地板材料的热物性,将奶牛体表与地板之间的导热损失也纳入模型中,以更好地预测辐射传热。此外,使用不同的降温方法进行试验来验证我们的模型预测对冷却方式的影响是非常重要的。

参考文献

ASHRAE, 2009. 2009 ASHRAE Handbook: Fundamentals. Vol. 59. Atlanta, GA: American Society of Heating, Refrigeration and Air-Conditioning Engineers.

BECKER C A, COLLIER R J, and STONE A E, 2020. Invited review: Physiological and behavioral effects of heat stress in dairy cows. J Dairy Sci, 103 (8): 6751-6770.

BERMAN A, 2005. Estimates of heat stress relief needs for Holstein dairy cows. J Anim Sci, 83 (6): 1377-1384.

BERMAN A, 2009. Predicted limits for evaporative cooling in heat stress relief of cattle in warm conditions. J Anim Sci, 87 (10): 3413-3417.

BLAXTER K L, and WAINMAN F W, 1964. The effect of increased air movement on the heat production and emission of steers. J Agric Sci, 62

(2): 207-214.

BRODY S, 1945. Bioenergetics and growth; with special reference to the efficiency complex in domestic animals. Bioenergetics and growth; with special reference to the efficiency complex in domestic animals. Reinhold, Oxford, England.

CIGR, 2002. 4th Report of Working Group on Climatization of Animal Houses. International Commission of Agricultural Engineering (CIGR).

da SILVA R G, MAIA A S C, DE MACEDO COSTA L L, et al, 2012. Latent heat loss of dairy cows in an equatorial semi-arid environment. Int J Biometeorol, 56 (5): 927-932.

EHRLEMARK A, and SÄLLVIK K, 1996. A model of heat and moisture dissipation from cattle based on thermal properties. Transactions of the ASAE, 39 (1): 187-194.

FINCH V A, 1985. Comparison of non-evaporative heat transfer in different cattle breeds. Aust J Agric Res, 36 (3): 497-508.

FOROUSHANI S, and AMON T, 2022. Thermodynamic assessment of heat stress in dairy cattle: lessons from human biometeorology. Int J Biometeorol.

GAGGE A, STOLWIJK J, and NISHI Y, 1972. An effective temperature scale based on a simple model of human physiological regulatory response. Memoirs of the Faculty of Engineering, Hokkaido University, 13 (Suppl): 21-36.

GASH J H, and SHUTTLEWORTH W J, 2007. Evaporation. IAHS Press.

GATENBY R M, 1986. Exponential relation between sweat rate and skin temperature in hot climates. J Agric Sci, 106 (1): 175-183.

GEBREMEDHIN K G, HILLMAN P E, LEE C N, et al, 2008. Sweating rates of dairy cows and beef heifers in hot conditions. Transactions of the ASABE, 51 (6): 2167-2178.

GEBREMEDHIN K G, LEE C N, HILLMAN P E, et al, 2010. Physiological responses of dairy cows during extended solar exposure. Transactions of the ASABE, 53 (1): 239-247.

GEBREMEDHIN K G, and WU B, 2001. A model of evaporative cooling of wet skin surface and fur layer. J Therm Biol, 26 (6): 537-545.

GEBREMEDHIN K G, WU B, and PERANO K, 2016. Modeling conductive cooling for thermally stressed dairy cows. J Therm Biol, 56: 91-99.

GERRITS W, and LABUSSIÈRE E, 2015. Indirect calorimetry: Techniques, computations and applications. Wageningen Academic Publishers.

HILLMAN P, GEBREMEDHIN K, PARKHURST A, et al, 2001. Evaporative and convective cooling of cows in a hot and humid environment. Pages 343-350 in Proc. Livestock Environment Ⅵ: Proceedings of the 6th International Symposium.

JESSEN C, 2012. Temperature regulation in humans and other mammals. Springer Science & Business Media.

KADZERE C, MURPHY M, SILANIKOVE N, et al, 2002. Heat stress in lactating dairy cows: a review. Livest Sci, 77 (1): 59-91.

LI G, CHEN S, CHEN J, et al, 2020. Predicting rectal temperature and respiration rate responses in lactating dairy cows exposed to heat stress. J Dairy Sci, 103 (6): 5466-5484.

LI J, NARAYANAN V, KEBREAB E, et al, 2021. A mechanistic thermal balance model of dairy cattle. Biosyst Eng, 209: 256-270.

LOKER S, BASTIN C, MIGLIOR F, et al, 2012. Genetic and environmental relationships between body condition score and milk production traits in Canadian Holsteins. J Dairy Sci, 95 (1): 410-419.

MAIA A S C, DASILVA R G, and LOUREIRO C M B, 2005. Respiratory heat loss of Holstein cows in a tropical environment. Int J Biometeorol, 49 (5): 332.

MAIA A S C, SILVA R G D D, and LOUREIRO C M B, 2008. Latent heat loss of Holstein cows in a tropical environment: a prediction model. Rev Bras Zootec, 37: 1837-1843.

McARTHUR A J, 1987. Thermal interaction between animal and microclimate: a comprehensive model. J Theor Biol, 126 (2): 203-238.

McARTHUR A J, and MONTEITH J L, 1980. Air movement and heat

loss from sheep. II. Thermal insulation of fleece in wind. Proceedings of the Royal Society of London. Series B. Biol Sci, 209 (1175): 209-217.

McDOWELL R, HOOVEN N, and CAMOENS J, 1976. Effect of climate on performance of Holsteins in first lactation. J Dairy Sci, 59 (5): 965-971.

McGOVERN R E, and BRUCE J M, 2000. AP—Animal production technology: a model of the thermal balance for cattle in hot conditions. J Agric Eng Res, 77 (1): 81-92.

MONTEITH J, and UNSWORTH M, 2007. Principles of environmental physics. Academic Press.

MOUNT L E, 1979. Adaptation to thermal environment. Man and his productive animals. Edward Arnold (Publishers) Ltd., London.

SINGH A, UPADHYAY R, MALAKARD, et al, 2013. Role of animal skin in thermoregulation. Climate resilient livestock and production system: 50-61.

SMITHN E, and BALDWIN R L, 1974. Effects of Breed, Pregnancy, and Lactation on Weight of Organs and Tissues in Dairy Cattle. J Dairy Sci, 57 (9): 1055-1060.

SPIERS D E, SPAIN J N, ELLERSIECK M R, et al, 2018. Strategic application of convective cooling to maximize the thermal gradient and reduce heat stress response in dairy cows. J Dairy Sci, 101 (9): 8269-8283.

THOMPSON V, FADEL J, and SAINZ R, 2011. Meta-analysis to predict sweating and respiration rates for Bos indicus, Bos taurus, and their crossbreds 1. J Anim Sci, 89 (12): 3973-3982.

THOMPSON V A, BARIONI L G, RUMSEY T R, et al, 2014. The development of a dynamic, mechanistic, thermal balance model for Bos indicus and Bos taurus. J Agric Sci, 152 (3): 464-482.

TRESOLDI G, SCHÜTZ K E, and TUCKER C B, 2019. Cooling cows with sprinklers: Effects of soaker flow rate and timing on behavioral and physiological responses to heat load and production. J Dairy Sci, 102

(1): 528-538.

WALKER J E, WELLS JR R E, MERRILL E, et al, 1962. Heat and water exchange in the respiratory tract. Surv Anesthesiol, 6 (3): 256-259.

YAN G, LIU K, HAO Z, et al, 2021a. Development and evaluation of thermal models for predicting skin temperature of dairy cattle. Comp Electron Agric, 188: 106363.

YAN G, LIU K, HAO Z, et al, 2021b. The effects of cow-related factors on rectal temperature, respiration rate, and temperature-humidity index thresholds for lactating cows exposed to heat stress. J Therm Biol, 100: 103041.

ZHOU M, AARNINK A J A, HUYNH T T T, et al, 2022a. Effects of increasing air temperature on physiological and productive responses of dairy cows at different relative humidity and air velocity levels. J Dairy Sci, 105 (2): 1701-1716.

ZHOU M, HUYNH T T T, GROOT KOERKAMP P W G, et al, 2022b. Effects of increasing air temperature on skin and respiration heat loss from dairy cows at different relative humidity and air velocity levels. J Dairy Sci, 105 (8): 7061-7078.

ZIMBELMAN R B, RHOADS R P, RHOADS M L, et al, 2009. A re-evaluation of the impact of temperature humidity index (THI) and black globe humidity index (BGHI) on milk production in high producing dairy cows. Pages 158-169 in Proc. Proceedings of the Southwest Nutrition Conference (ed. RJ Collier), Tempe, AZ, University of Arizona, Tuscon, USA (2009).

第7章

讨论、结论及展望

7.1 引言

预防热应激是现代乳业的主要挑战之一，因为它对动物的舒适、健康、福利和生产力产生了负面影响。遗传技术在乳业的成功发展，使牛奶产量从 1940 年的 7kg/d 提高到 1995 年的 25kg/d（Kadzere 等，2002），再到现在的 30kg/d，导致现代奶牛更容易受到热应激的影响，因为产热量更高导致耐热性更低（Becker 等，2020；Yan 等，2021b）。此外，全球气温的长期上升会加剧奶牛的热应激问题。奶牛热应激的早期预测和识别对于牧场日常管理中及时采取必要措施至关重要。

本研究的主要目的是更好地了解奶牛对各种热环境的反应，并找到一种可以准确预测奶牛热应激早期迹象的工具。为了实现这些目标，在呼吸代谢气候舱中设计并进行了一项试验，以研究奶牛在热应激条件下的生理反应，并开发了一个温度调节模型来评估奶牛在各种环境条件下的热状态。本书细分如下：在不同相对湿度（Relative Humidity，RH）和风速（Air velocity，AV）水平下，奶牛对环境温度（Air Temperature，AT）升高的生理和生产性能反应（第 2 章）以及皮肤和呼吸热损失的量化（第 3 章），奶牛蒸发水分损失的两种测量方法的比较分析（第 4 章），环境温度的升高对奶牛代谢产热的影响（第 5 章），以及开发预测舍内奶牛对各种环境条件的生理调节反应的动态机制模型的验证和评估（第 6 章）。

在第 2 章中，量化了增加环境 AT 对奶牛生理和生产反应的影响，并确定了在不同 RH 和 AV 水平下激活适应机制的拐点温度（IPt）。在气候控制呼吸室对 20 头荷斯坦奶牛进行了试验，包括 5 种不同 AT/RH/AV 组合处理。我们观察到，呼吸速率是表明奶牛对升高 AT 有反应的第一个指标，呼吸速率的 IPt 随着 RH 的降低（在短暴露时间下变化在 18.9～25.5℃）和 AV 的增加（在短暴露时间下变化在 21.0～22.8℃）而增加。在较低的环境 AT 下，长暴露时间导致生理反应提前发生。

在第 3 章中，我们进行了更深入的研究，以确定在不同 RH 和 AV 水平下，提高环境温度对皮肤显热和潜热损失以及呼吸散热的影响。结果表明，当 AT 低于 20℃ 时，潜热损失占总热损失的 50%，当 AT 高于 28℃ 时，潜热损失占总热损失的 70%～80%。皮肤散失热量居多，呼吸散失热量占总散失热量的 20%～30%。在低 RH 和高 AV 条件下，皮肤潜热损失率较高。当奶牛暴露在温暖环境中较长时间（8h 与 1h）时，皮肤表面显热和呼吸总热损失更多。

第 4 章确定了奶牛在不同环境 AT、RH 和 AV 水平下是如何调节总蒸发失水的。比较了测定皮肤蒸发失水的两种方法：通风箱法和水分平衡法。总蒸发水分损失随环境温度升高而增加，且受 RH 与 AT 和 AV 与 AT 相互作用的共同影响（环境温度每升高 1℃，蒸发水分损失增加速率在 0.61～95kg/d）。两种测定皮肤蒸发水分的方法结果相似。

第 5 章评估和量化空气温度、动物姿态及动物活动氧脉搏的影响。这些关系可以通过 O_2P-HR 技术来提高 HP 估计的准确性。此外，量化了进食和反刍与空腹和站立、躺下的能量消耗成本，这可能用于改进对泌乳奶牛维持能量需求的预测。

第 6 章通过对文献方程的总结和改进，建立了奶牛核心、皮肤和皮毛温度的动态生理调节模型。通过从第 2 章和第 3 章中描述的研究中获得的试验数据集对模型进行评估。评价结果表明，牛体核心温度和皮肤温度的预测均方根误差分别为 0.3℃ 和 1.2℃。模拟预测的环境 AT、RH 和 AV 对奶牛生理反应的影响与试验结果一致。

在第 7 章中，我们将在更广泛的背景下讨论我们的主要发现，如上所述。首先，综述了不同 RH 和 AV 水平下奶牛对环境温度升高的生理、生产和热损失等生理调节反应的新发现。其次，基于试验结果和建立的热平衡模型，进行了进一步的模拟，以预测不同气候条件下现有降温方法的效果。并对目前常用的热指数的使用提出了一些建议。最后，对本研究的局限性进行了讨论，并对今后的研究提出了一些设想。

7.2 什么时候会发生热应激？

目前，评价奶牛热舒适状态的指标在适用性和实用性上各不相同。通常选用温湿度指数、直肠温度和产奶量等提供动物热环境、生理条件和生产性能信息的指标。我们在气候控制呼吸室进行动物试验，测量环境因素（AT、RH、AV）、生理反应（呼吸频率、皮肤温度、皮毛温度和直肠温度）、生产性能（产奶量、乳成分）以及热量损失（皮肤和呼吸的显热和潜热）。在研究奶牛的热应激时，采用了 Mount（1979）的热舒适和热中性区概念。在本书中，我们将呼吸速率和直肠温度的拐点温度分别定义为热舒适区和热中性区的上临界温度。

7.2.1 对热环境的响应

呼吸速率的增加是奶牛对环境温度升高的第一反应，这可以被奶农直接且容易地观察到（第 2 章）。在高 RH 水平下，我们测定的 IPt 可低至 19℃。实际上，在呼吸频率开始上升之前，奶牛对血流的控制（血管舒张）就已经开始了（Nelson 和 Janni，2016）。与其他调节反应（如增加呼吸频率或出汗率）相比，血管舒张不需要太多能量或水分损失（Romanovsky，2014）。血管扩张使组织阻力随着环境 AT 的升高而降低，这样血液就可以从身体核心向皮肤表面输送更多的热量。在本研究中，组织阻力是根据从身体核心到皮肤的热流和身体核心与皮肤之间的温度梯度来确定的。这与皮肤温度有关，因为血管运动的调节需要来自皮肤表面的热信号（Romanovsky，2014）。因此，皮肤温度在奶牛的体温调节中起着重要作用，是评价奶牛热舒适性的主要决定因素之一。核心温度（本研究为直肠温度）的升高是判断奶牛血管舒张、呼吸和出汗的主要调节是否不能充分散热的关键指标。身体核心温度的升高也是奶牛超出热中性区进入热应激状态的标志。直肠温度的 IPt 取决于 RH 和 AV，变化范围为 20.1~25.9℃。

为了从热交换机制的角度找出奶牛在不同环境条件下表现不同的原因，我们测量了奶牛皮肤和呼吸的显热和潜热损失。随着环境 AT 的增加，皮肤、呼出空气与周围环境之间的温度梯度越来越小，导致通过皮肤、呼吸的显热损失越来越少。因此，奶牛的生理反应是皮肤温度和呼吸频率的升高，以补偿减少的显热损失。同时，增加出汗率，增加潜热损失，使奶牛保持热量平衡。在低环境温度（<20℃）条件下，奶牛的体温调节受 RH 影响很小，主要是通过显热方式散热，而显热主要与环境温度有关。当出汗率开始增加时，RH 的影响就显现出来，因为汗液蒸发的潜热损失将受到环境潜在蒸发率的限制，高 RH 水平降低了向环境空气中添加水分的能力。在低环境 AT 条件下，AV 对显热损失的影响显著，随着环境 AT 的升高，AV 对显热损失的影响逐渐减弱，这可以解释为皮肤与环境空气的温度差较小。

7.2.2 相对湿度和风速的影响

生理反应（第 2 章）的结果与热损失反应（第 3 章和第 4 章）的结果基本一致。图 7-1 为各处理 4 头奶牛在不同 RH 和 AV 水平下，各层（核心、呼出空气、皮肤和皮毛）温度随环境 AT 升高的平均值。显然，随着环境 AT 的增加，直肠与皮肤之间的温度梯度（核心到皮肤的传导性传热）、呼出的空气与环境空气之间的温度梯度（呼吸散热）、皮毛与环境空气之间的温度梯度（皮毛到环境空气的显热损失）都在减小。由温度梯度可以推断出皮毛表面显热损失与环境 AT 的负相关关系（第 3 章）。此外，我们的研究（第 3 章）发现，在较低的环境 AT 下，高 AV 水平（1.5m/s）的显热损失远高于低 AV 水平（0.1m/s 和 1.0m/s），但与中、低 AV 水平（0.1m/s 或 1.0m/s）相比，这种差异随着 AT 的增加而减小，这可以从图 7-1 中得到解释：AV 对显热损失的正向作用仅能补偿由于皮毛与周围空气之间的温度梯度较小而减少的显热损失（对流和辐射）；随着环境温度梯度的减小，高 AV 对增强显热损失的帮助减小，同时出汗率增加，增加潜热损失。我们发现，在低 RH（30%）时，奶牛的潜热损失比高 RH 水平时更高。在较高 RH 条件下，汗液不能完全蒸发，因为出汗率高于环境空气的潜在（最大）蒸发率。

在我们的研究中测量的呼出空气温度（短暴露时间下为 35.0~36.6℃，长暴露时间下为 35.4~37.0℃）远高于其他研究（与我们研究的相同环境 AT 范围内为 25~34℃；Donald，1981；Maia 等，2005b）。这是关于测量呼吸热损失的一个重要发现。到目前为止，人们普遍认为呼吸频率升高是为了增加呼吸热损失，而在本书中，我们认为呼吸频率升高主

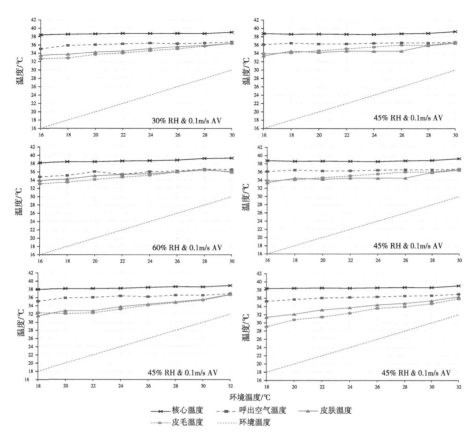

**图 7-1　在不同相对湿度（RH）和风速（AV）水平下，奶牛不同层
（核心、呼出空气、皮肤和皮毛）温度随环境温度的增加而变化**

要是为了补偿呼出的空气与周围空气之间温度梯度的减小。基于这一发现，我们改进了呼吸热损失子模型。

在我们研究的温度范围内，随着环境 AT 的增加，产奶量没有明显的变化。然而，在高 RH 条件下，蛋白质和脂肪产量下降。奶牛所产的奶中含有大约 87% 的水分（Chandan，2011），我们发现，随着环境 AT 的增加，水的摄入量有非常显著的增加。除了呼吸和出汗的损失外，水可以主要用于产奶，因为与蛋白质和脂肪相比，水消耗的能量更少，而且它是小牛生存最重要的营养成分（Drackley，2008）。此外，根据我们的试验设计，奶牛能够在较冷的温度期间在一夜之间恢复。由于奶牛对热应激有延迟反应，牛奶产量的降低也可能在以后出现（Linvill 和 Pardue，1992；Polsky 和 von Keyserlingk，2017），但是由于目前的研究设置和时间范围，我们无法观察到这一点。

7.3 现有降温措施及其局限性

在全球变暖的背景下，降温措施将变得越来越受欢迎，特别是在荷兰等温带气候地区，因为大多数奶牛舍都是自然通风的，奶牛直接暴露在外部气候条件下，非常容易受到气候变化的影响（Heinicke 等，2018）。因此，从可持续发展的角度来看，更好地了解在不同气候条件下应用不同降温方案以减少现代高产奶牛热应激的效果是至关重要的。帮助奶牛缓解热应激的方法有两种：①增加奶牛的热量损失；②通过降低环境温度来改变环境。

7.3.1 增加奶牛的热量损失

增加风速是缓解热应激的一个重要方式，因为它影响前面讨论的对流和蒸发热损失。基于热调节模型（第 6 章）的模拟输出结果，我们对风扇应用的效果进行了量化预测。图 7-2a 显示了在不同风速水平下，牛体核心温度随环境温度的变化情况。AV 水平对 IPt（当身体核心温度开始升高时，AT 变化范围为 22~26℃）有显著影响。换句话说，如果应用风扇来产生高 AV（2.0m/s），则热中性温度范围延长，"中等"热应激的开始将会被推迟。然而，当环境温度超过 28℃时，随着体温的接近，高 AV 的效果会变得更弱（从环境温度 28℃时的 1.2℃减小到环境温度 32℃时的 0.6℃，图 7-2a）。在这种情况下，通常使用喷头与风扇结合使用，通过产生液滴来湿润奶牛的皮肤，从而促进潜热的损失。图 7-2b 显示了在湿热（34℃环境 AT 和 60% RH）条件下，喷头在皮肤湿润度（0、25%和 50%）和风速（0.2m/s、1.0m/s 和 2.0m/s）3 个水平下的预测效果。从图中可以看出：①没有洒水（湿润面积=0），不同 AV 水平对核心温度的影响较小（变化范围为 41.3~41.7℃）；②洒水喷头淋湿奶牛时，核心温度随淋湿面积的增大而显著降低，且降低速率受风速的影响；③皮肤表面湿润 25%时，风速从 0.2m/s 增加至 1.0m/s 和从 1.0m/s 增加至 2.0m/s 对降低核心温度的作用效果相似，而当湿润面积增加到 50%时，2.0m/s

风速的积极作用比 1.0m/s 风速大得多。这主要是因为，在 2m/s 的 AV 下，奶牛 50% 的皮肤面积被浸湿，身体核心温度已经降低到正常水平。根据这些发现，我们可以推断，根据确切的环境情况（AT 和 RH），需要将湿润和空气速度巧妙地结合起来，才能有效且经济地冷却奶牛。结合不同的冷却方法，可以在实际管理需要时针对各种气候条件进一步复杂的模拟。

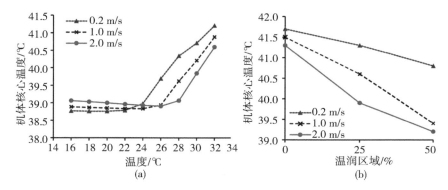

图 7-2 （a）在相对湿度为 60% 的条件下，通过热平衡模型预测在不同风速水平下核心温度与环境温度的关系。（b）在 34℃ 环境温度和 60% 相对湿度下，通过热平衡模型预测不同风速水平下的核心温度与湿润皮肤面积百分比的关系

7.3.2 改变环境状况

蒸发降温系统是利用空气中的能量来蒸发雾化喷嘴的水，水蒸发到暖空气中降低了空气温度，同时增加了相对湿度。了解环境条件和蒸发降温所创造的条件之间的关系，就有可能估计不同环境中蒸发降温缓解热应激的潜力。在图 7-3a 中，蒸发降温过程是基于热力学和干湿表（Ashrae，2009）模拟的：空气温度从 30℃ 开始，以不同 RH 水平加入水分，达到 70% 或 90%RH。热条件下（30℃）蒸发降温的预测性能如图 7-3b 所示：①当 RH 增加到 70% 时，初始 RH 越低，核心温度降低越多；②当 RH 持续增加至 90% 时，预测的体核温度甚至高于无蒸发冷却的初始条件（45% 和 60%）。模拟结果表明，如果在潮湿的条件下应用蒸发降温可能会适得其反，因为高 RH 可以在很大程度上抑制出汗和呼吸造成的潜热损失，而降低空气温度的积极影响无法弥补这种下降。然而，当增加高 AV

以增强对流（皮肤与环境之间的大温度梯度）和皮肤潜在（增加潜在蒸发速率）的热损失时，应用蒸发冷却仍然可以有效地缓解热应激。

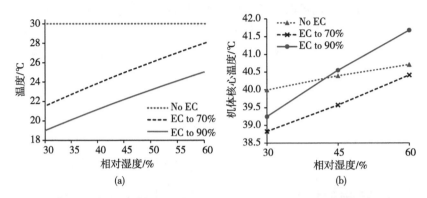

图7-3 （a）采用蒸发降温（EC）通过增加湿度达到的最终环境温度与初始相对湿度的关系（初始温度为30℃）。（b）当初始环境温度为30℃时，采用蒸发降温，利用热平衡模型预测对不同最终相对湿度水平下的核心温度与初始相对湿度的关系。没有EC意味着没有蒸发降温。EC to 70%和EC to 90%分别表示采用蒸发降温将最终相对湿度提高到70%和90%

7.3.3 对THI应用的建议

温湿度指数（Temperature-Humidity Index，THI）是一种通过考虑空气AT和RH的综合影响来估计奶牛所受热应激水平的方法（NRC，1971），是目前在牧场实施的降温干预中全球最广泛使用的指标之一（Wang等，2018）。然而，THI是基于60多年前在夏季气候炎热潮湿的密苏里大学对56头奶牛进行的一项试验，奶牛平均每天产15.5kg牛奶。THI可能会高估或低估施加在现代奶牛身上的热应激水平，因为THI对所有奶牛给出的值都相同。Yan等（2021b）研究发现，在相同热应激条件下（67<THI<86），高产奶牛（47.9kg/d）的直肠温度比低产奶牛（15.6kg/d）高0.26~0.38℃，证实THI会低估现代高产奶牛的热应激水平。此外，最近对奶牛的研究表明，关于产奶量损失（60~72）和生理反应（65~72）的THI阈值存在显著差异（Zimbelman等，2009；Pinto等，2020）。我们发现呼吸速率的IPt在30%RH时为26℃，在60%RH时为19℃（第2章），对应的THI分别为71和65。这意味着THI低估了相对

较低的 AT 和高 RH 的气候条件下的热应激水平。目前，降温干预通常根据 THI 阈值开始使用（Zimbelman 等，2009）。然而，不同气候条件下的奶牛，给出相似的 THI 值，需要不同的降温策略，正如我们在前几节中预测的那样。例如，当我们看一下 THI 为 80 的两种典型气候条件：(a) 30%RH 和 34℃，(b) 60%RH 和 30℃。可行而有效的降温策略是：(a) 空气蒸发降温，因为增加 RH 可显著降低环境温度；(b) 湿润奶牛与高 AV 相结合，因为在 30℃ 时，高 AV 的益处已经变得非常微弱，湿润奶牛可以增强皮肤的潜热损失。因此，为了避免降温干预措施的误用，考虑气候因素是至关重要的，如果有一个模型，就像第 6 章中介绍的那样，在实施各种降温方法之前评估其效果，并以一种智慧而有效的方式应用这些系统，将会大有裨益。

7.4　展望

解决热应激是目前全球乳业面临的主要挑战之一。虽然本书所述研究在该领域取得了一些进展，如量化各种环境因素对奶牛反应的影响，开发可靠的热调节预测模型，开发先进的测量设备，预测不同降温方法的效益及其局限性，但仍有几个相关领域值得进一步研究，这些领域包括：

①以避免混淆效应，动物试验是在呼吸代谢气候舱中进行的，这可以研究生理反应与环境温度和高温持续时间的关系。在这项研究中，奶牛不能像在真实的牧场中那样自由走动或与其他奶牛玩耍，这将对奶牛对热负荷的生理反应产生一定的影响。我们建议在实际环境中验证这些在半实验室条件下发现的结果。此外，乳脂和乳蛋白校正奶产量的潜在延迟反应需要进一步研究。

②本试验使用的通风箱只能测量皮肤的潜热损失，因此我们假设汗水完全蒸发，将潜热损失转换为出汗率，用于我们的体温调节模型中。如果我们能设计和开发一种精确测量出汗率的设备，那就会更准确。

③在本热生理调节模型中，未考虑皮肤表面与地板之间的传导散热。添加传导传热子模型，会更好地预测奶牛使用降温床垫的效果。

④使用不同的降温干预措施进行动物试验，以验证本研究中的模型对降温方法预测的准确性和局限性，这是非常重要的。

参考文献

ASHRAE. 2009. 2009 ASHRAE Handbook: Fundamentals. Vol. 59. Atlanta, GA: American Society of Heating, Refrigeration and Air-Conditioning Engineers.

BECKER C A, COLLIER R J, and STONE A E, 2020. Invited review: Physiological and behavioral effects of heat stress in dairy cows. J Dairy Sci, 103 (8): 6751-6770.

CHANDAN R C, 2011. Dairy ingredients for food processing: an overview. Dairy Ingred Food Proc: 3-33.

DONALD G S, 1981. A Model of Respiratory Vapor Loss in Holstein Dairy Cattle. Transactions of the ASAE, 24 (1): 151-0153.

DRACKLEY J K, 2008. Calf Nutrition from Birth to Breeding. Veterinary Clinics of North America: Food Animal Practice, 24 (1): 55-86. https://doi.org/10.1016/j.cvfa.2008.01.001.

HEINICKE J, HOFFMANN G, AMMON C, et al, 2018. Effects of the daily heat load duration exceeding determined heat load thresholds on activity traits of lactating dairy cows. J Therm Biol, 77: 67-74.

KADZERE C, MURPHY M, SILANIKOVE N, et al, 2002. Heat stress in lactating dairy cows: a review. Livest Sci, 77 (1): 59-91.

LINVILL D E, and PARDUE F E, 1992. Heat stress and milk production in the South Carolina Coastal Plains1. J Dairy Sci, 75 (9): 2598-2604. https://doi.org/10.3168/jds.S0022-0302 (92) 78022-9.

MAIA A S C, DASILVA R G, and LOUREIRO C M B, 2005. Respiratory heat loss of Holstein cows in a tropical environment. Int J Biometeorol, 49 (5): 332.

MOUNT L E, 1979. Adaptation to thermal environment. Man and his productive animals. Edward Arnold (Publishers) Ltd., London.

NELSON, and JANNI, 2016. Modeling dairy cow thermoregulation during warm and hot environmental conditions 1: Model development. Page 1 in 2016 ASABE Annual International Meeting. ASABE, St. Joseph, MI.

NRC. 1971. A guide to environmental research on animals. National Academies.

PINTO S, HOFFMANN G, AMMON C, et al, 2020. Critical THI thresholds based on the physiological Parameters of lactating dairy cows. J Therm Biol, 88: 102523.

POLSKY L, and VON KEYSERLINGK M A G, 2017. Invited review: Effects of heat stress on dairy cattle welfare. J Dairy Sci, 100 (11): 8645-8657.

ROMANOVSKY AA, 2014. Skin temperature: its role in thermoregulation. Acta Physiologica, 210 (3): 498-507.

WANG X, BJERG B S, CHOI C Y, et al, 2018. A review and quantitative assessment of cattle-related thermal indices. J Therm Biol, 77: 24-37.

YAN G, LIU K, HAO Z, et al, 2021. The effects of cow-related factors on rectal temperature, respiration rate, and temperature - humidity index thresholds for lactating cows exposed to heat stress. J Therm Biol, 100: 103041.

ZIMBELMAN R B, RHOADS R P, RHOADS M L, et al, 2009. A re-evaluation of the impact of temperature humidity index (THI) and black globe humidity index (BGHI) on milk production in high producing dairy cows. Pages 158-169 in Proc. Proceedings of the Southwest Nutrition Conference (ed. RJ Collier), Tempe, AZ, University of Arizona, Tuscon (2009).

第8章

应用PLF技术评估和应对奶牛热应激

8.1 引言

热应激是导致全球奶业经济损失的主要原因，因为它会对奶牛的健康和生产性能产生负面影响。高产奶牛产热量高，耐热性低，热应激的负面影响加剧。对热应激的预测和评估已经进行了几十年，开发了较多评估奶牛热应激状态的环境模型，如温湿度指数（NRC，1971）、黑球温度指数（Buffington等，1981）等，为牧场管理人员提供决策支持。然而，评估和缓解热应激的结果仍可能因品种、气候和农场条件的不同而有所不同，在特定的牧场采用冷却措施时，仍然需要大量的时间和劳动力成本对环境模型进行修改。精准畜牧技术（Precision livestock farming，PLF）已经展示出在评估和缓解奶牛的热应激方面具有潜力，可以根据具体牧场情况进行自我修改。PLF基于传感器和数据分析技术，可以为牧场提供关于奶牛环境条件、生理响应（例如体温和呼吸频率）的实时信息。这些数据可以用于识别正在经历热应激的奶牛，并实施有针对性的干预措施以缓解其影响。此外，PLF技术还可以通过提供与奶牛耐热性相关的特征的遗传信息来帮助选育耐热奶牛。这可以在应对由于气候变化导致的温度上升时，促进更有韧性的奶牛群体的发展。最近，牧场已经开始应用各种PLF技术（Banhazi等，2012）。

8.2 动物相关的热应激指标

8.2.1 呼吸频率

呼吸频率（Respiration Rate，RR）是热应激的早期预警指标（Zhou 等，2022），尝试通过呼吸道增加蒸发散热来保持恒定的体温。Berman 等（1985）发现，在环境温度超过25℃时，泌乳奶牛的呼吸频率开始上升。他们认为，由于大型牛的体型较大，呼吸蒸发散热对于维持热稳定非常重要。测量泌乳奶牛呼吸频率的最常见方法是计算侧腹部运动，这种方法劳动密集且无法进行连续监测。观察者的存在可能会影响动物的行为和活动。因此，已经开发了几种方法来持续监测呼吸频率以准确捕捉奶牛的实际反应。Milan 等（2016）开发了一种装置，可以在奶牛的自然栖息地内连续记录其呼吸频率，该装置可以安装在动物脖子上的挂绳中。该装置的原理是利用热敏电阻器测量吸气和呼气空气之间的温差。然而，当环境温度接近呼出空气温度时，准确性将大大降低。类似地，Strutzke 等（2019）使用差压传感器而不是热敏电阻器来检测吸气和呼气信号。这些解决方案存在一定的缺点，包括动物应激反应、短寿命和在大规模部署时更多的限制。随着计算机视觉和深度学习技术的发展，基于腹部波动图像或接近鼻子的温度变化的热成像技术已经实现了一系列的牛呼吸行为监测成果（Kim 和 Hidaka，2021；Lowe 等，2019；Wu 等，2020；Wu 等，2023）。热成像技术监测呼吸频率的性能优于RGB相机。多头奶牛的呼吸行为监测仍然具有挑战性，这限制了自动监测机器人在精准畜牧方面的推广（Lovarelli 等，2020；Ren 等，2020）。

8.2.2 体温

在奶牛中，核心体温的增加是热应激的关键指标，因为这表示奶牛的热平衡受到破坏。在奶牛中，测量核心体温的常见部位包括直肠、瘤胃和耳道等（Godyń 等，2019）。

8.2.2.1 直肠温度

直肠温度（Rectal Temperature，RT）是评估奶牛热应激状态和代表核心体温的主要指标（Ji 等，2020），在奶牛的热中性区，RT 几乎保持不变，但随着环境温度的升高而趋于增加（Zhou 等，2022）。传统上，RT 是通过将数字温度计插入奶牛直肠内来手动测量的。虽然在直肠测量的温度数据较为可靠，但其采样率较低，因为需要手动测量并限制奶牛的行动。更重要的是，这种侵入式的测量方式会给奶牛造成额外的应激，使结果产生偏差。Debnath 等（2017）使用基于射频的数字温度计实现了奶牛 RT 的实时测量。Lees 等（2018）开发了一种直肠内装置用于户外小母牛，可以连续测量 23h。该设备由纽扣温度数据记录器和软聚乙烯管道组成。但由于长时间的内置可能对直肠等造成损伤，且受粪便温度的影响，该装置并未得到广泛应用。目前没有研究表明有新的技术可以非侵入且连续测量直肠温度。

8.2.2.2 瘤胃温度

目前，可以通过插入反刍胃（瘤胃）中的无线胶囊来实时测量奶牛的体温。这些胶囊可以测量体温以及 pH 值，且可以连续发送数据，数据可以存储在云端/计算机中。Bewley 等（2008a）报道称，由于瘤胃微生物的活动，该区域的温度比核心体温高 0.5℃。在该研究中，作者发现瘤胃温度和直肠温度之间存在很强的相关性：瘤胃温度的平均值为 39.3℃，而直肠温度的平均值为 38.8℃。许多研究使用瘤胃无线胶囊来监测牛的体核心温度（Bewley 等，2008a；Bewley 等，2008b；Lees 等，2018；Levit 等，2021）。Levit 等（2021）提出了一种基于瘤胃胶囊的动态降温方案，每周根据奶牛的瘤胃温度调整下一周的喷淋启动时间，结果显示动态降温组的奶牛具有更高的乳脂和乳蛋白产量。这表明，基于瘤胃传感器的降温方案的动态调整是在夏季高产奶牛中预测和缓解热应激的有效手段，这也是 PLF 技术运用于实际牛场来提高奶牛健康和生产性能的一个实例。

8.2.2.3 耳道温度

研究发现耳道温度（38.2℃）和直肠温度（38.4℃）之间没有统计学上的显著差异（Prendiville 等，2002）。通过将温度数据记录仪放置在耳道内可以测量奶牛的耳道温度（Arias 等，2012；Jara 等，2016）。然而，一些限制可能会影响其在实践中的进一步应用。首先，奶牛会对这些异物感觉不舒服，并且在安装后可能发生潜在的耳部感染，特别是长期使用（Bergen 和 Kennedy，2000）。其次，温度探头需要正确地放置在鼓膜附近，任何错位都可能导致读数不准确（McCorkell

等，2014）。迄今为止，可以固定在耳道内的无线温度传感器已经商业化（Richeson 等，2012）。此外，为了即时使用，红外耳温计可在 1s 内提供耳道温度的数据（Setser 等，2020）。Jara 等（2016）报道了 15 头荷斯坦奶牛的耳道温度与热指数的相关性，研究结果表明其与综合气候指数（CCI）高度相关，但是没有给出具体的热应激阈值。因此，未来研究中可以运用 PLF 技术将耳道温度与气候指数相关联，成为热应激预警的一个重要生理指标。

8.2.3 体表温度

体表温度（Skin Temperature，ST）也是代表奶牛热应激状态的重要生理指标，因为热应激的奶牛会将更多的血液从核心部位输送到周围身体部位。实际上，在呼吸频率开始上升之前，奶牛对血流的控制（血管舒张）就已经开始了（Nelson 和 Janni，2016）。与其他调节反应（如增加呼吸频率或出汗率）相比，血管舒张不需要太多能量或水分损失（Romanovsky，2014）。血管扩张使组织阻力随着环境温度的升高而降低，这样血液就可以从身体核心向皮肤表面输送更多的热量。ST 的测量方法有多种，其中红外测温因其成本低且不需要直接接触而成为最受欢迎的一种方法（Godyń 等，2019）。红外测温仪可用于便携式和固定式两种方式。便携式使用时，可根据用户需要手持红外摄像机或红外枪进行数据测量。然而，人工操作限制了数据采集的频率，因此可能不适合在奶牛场实现实时测量。对于固定使用，红外摄像机可以固定在特定位置（Jorquera-Chavez 等，2019；Schaefer 等，2012）。在 Hoffmann 等（2016）的研究中，ST 的测量区域是手动定义的。Chung 等（2020）设计了一种耳基温度的实时测量方法，该方法将植入式传感器和可穿戴式 RFID 扫描仪结合使用。此外，他们还利用 RFID 技术、远程无线技术和 Wi-Fi 技术开发了一个无线通信网络，旨在提高效率和减少人力参与。ST 随周围环境变化明显，不存在平台期，为了更好和更早地管理奶牛热应激，可以开发基于 ST 的热应激程度阈值。

8.2.4 动物行为

8.2.4.1 采食量

奶牛个体的饲料摄入量是奶牛管理中的一个重要变量（Bloch 等，

2019)。在热应激的情况下，奶牛会较少饲料摄入，从而导致产奶量的下降（Zhou等，2022）。因此，监测奶牛的饲料摄入量可以及时发现奶牛的热舒适状态，进而采取相应的措施，从而提高牛场的整体生产力（Halachmi等，2016）。Intergado监测系统（AF-1000，Intergado Ltd，巴西）包括一个嵌入橡胶垫中的射频识别天线，该橡胶垫衬在颈杆和称重传感器上，用于测量进料摄入量。当奶牛踏上位于颈杆前的垫子后，通过激活带有集成红外存在传感器的机械开关来读取天线。系统记录每次回访动物数量、回访箱数量、初始和最终次数、体重，并计算持续时间和采食量。这些数据通过网线通过数据采集器连续记录，并通过一般分组无线电服务传输到Intergado网络软件（Chizzotti等，2015）。类似这样的称重系统可能并不适用于商业牧场，因为它们价格高，需要经常清洗和保养，且可能会影响动物的正常采食。因此，一些基于机器视觉的系统被开发出来用于测量采食量。Bezen等（2020）和Saar等（2022）利用深度RGB相机基于CNN模型成功识别个体奶牛同时估测采食量，其原理是利用机器视觉识别奶牛同时通过比较奶牛面前的饲料减少量来估计采食量。Lassen等（2018）描述了一种现已商业化个体采食量估测系统，该系统利用三维相机，使用深度学习来测量群饲奶牛的个体饲料摄入量，使用位于饲料床顶部的摄像头来识别奶牛和饲料的出和消失，还能够估计奶牛的体重。

8.2.4.2 饮水行为

当奶牛处于热应激状态时，奶牛的饮水频率和饮水量会显著增加（Cardot等，2008；Zhou等，2022）。Tsai等（2020）成功开发了一种嵌入式成像系统，用于评估热应激对奶牛群体饮水行为的影响。用于测量奶牛瘤胃温度的无线胶囊也可用于监测饮水次数，Levit等（2021）发现，基于瘤胃温度实施动态调整降温方案的奶牛群比定时定量降温的奶牛群的饮水量显著减少。

8.2.5 生产性能

8.2.5.1 产奶量

日产奶量是热应激期间主要关注的问题，大多数关于热应激对奶牛影响的研究都将日产奶量作为生产性能的指标来反映热应激的严重程度。与热应激相关的生产性能关键指标，如牛奶产量（蛋白质、脂肪、酪蛋白、乳糖和总乳固体）的数量和质量，可以由牛奶分析仪自动报告到挤奶站，基于此我们可以评估热应激对牧场的影响。自动挤奶机器人在欧洲、澳大利亚和美国等得到了广泛的应用，其主要好处是节省劳动力成本，据报道，与传统挤奶系统相比，劳动力成本在 18%~30%（Rodenburg，2012）。除了降低劳动力成本外，自动挤奶机器人还可以收集每头奶牛的生产性能的长期信息，从而建立一个基础数据库，用于开发算法来解决热应激的问题（Ji 等，2020）。

8.2.5.2 繁育能力

受孕率是另一个受热应激影响的生产性能指标。De Rensis 和 Scaramuzzi（2003）报道，与冬季相比，由于夏季高温导致的热应激可使奶牛的受孕率降低 20%~30%。Wang 等（2022）使用反向传播神经网络从颈标签收集的 7 个行为指标中自动检测发情开始，且该方法的性能可与人工目视检测相媲美。

8.3 小结

考虑到奶牛福利，热应激相关数据的理想采集方式应该是自动、准确、连续、远程、无创、低成本和实时的。基于红外测温的非接触式测量对奶牛无创，但难以实现牛群水平的实时测量，它们更适合在特定地点进行监测，如挤奶厅。直肠内测量体温的留置装置由于受到正常生理活动的干扰，不能长时间工作，更适合于短期的体温监测。相比较而言，耳道温度传感器和瘤胃胶囊可能更适合用于牧场对奶牛热应激状态的长时间监测，因为侵入性较小，且成本较低。然而，市售产品对奶牛热应激的检测功能没有大量试验数据的验证和支撑，PLF 的应用虽然有潜在的机会但还有待进一步验证。结合环境指标和各种生理指标从多角度评价热应激，由于不同的生理动态，可以将热应激与其他可能导致体温升高和呼吸加速的事件区分开来。随着无线传输技术、传感器技术和电池技术的发展，可穿戴设备最有希望在实际的牧场实现实时测量。结合物联网技术，基于动物和环境指标的综合战略有望提高热应变早期检测的精度。

参考文献

ARIAS INOSTROZA R，MADER T，and ESCOBAR C P，2012. Climatic

factors affecting cattle performance in dairy and beef farms.

BANHAZI T M, LEHR H, BLACK J, et al, 2012. Precision livestock farming: an international review of scientific and commercial aspects. Int J Agric Biol Eng, 5 (3): 1-9.

BERGEN R, and KENNEDY A, 2000. Relationship between vaginal and tympanic membrane temperature in beef heifers. Can J Anim Sci, 80 (3): 515-518.

BERMAN A, FOLMAN Y, KAIM M, et al, 1985. Upper critical temperatures and forced ventilation effects for high-yielding dairy cows in a subtropical climate. J Dairy Sci, 68 (6): 1488-1495.

BEWLEY J M, EINSTEIN M E, GROTT M W, et al, 2008a. Comparison of reticular and rectal core body temperatures in lactating dairy cows. J Dairy Sci, 91 (12): 4661-4672.

BEWLEY J M, GROTT M W, EINSTEIN M E, et al, 2008b. Impact of intake water temperatures on reticular temperatures of lactating dairy cows. J Dairy Sci, 91 (10): 3880-3887.

BEZEN R, EDAN Y, and HALACHMI I, 2020. Computer vision system for measuring individual cow feed intake using RGB-D camera and deep learning algorithms. Comp Electron Agric, 172: 105345.

BLOCH V, LEVIT H, and HALACHMI I, 2019. Assessing the potential of photogrammetry to monitor feed intake of dairy cows. J Dairy Res, 86 (1): 34-39.

BUFFINGTON D E, COLLAZO-AROCHO A, CANTON G H, et al, 1981. Black globe-humidity index (BGHI) as comfort equation for dairy cows. Transactions of the ASAE, 24 (3): 711-0714.

CARDOT V, LE ROUX Y, and JURJANZ S, 2008. Drinking behavior of lactating dairy cows and prediction of their water intake. J Dairy Sci, 91 (6): 2257-2264.

CHIZZOTTI M L, MACHADO F S, VALENTE E E L, et al, 2015. Technical note: Validation of a system for monitoring individual feeding behavior and individual feed intake in dairy cattle. J Dairy Sci, 98 (5): 3438-3442.

CHUNG H, LI J, KIM Y, et al, 2020. Using implantable biosensors and wearable scanners to monitor dairy cattle's core body temperature in real-time. Comp Electroni Agric, 174: 105453.

DE RENSIS F, and SCARAMUZZI R J, 2003. Heat stress and seasonal effects on reproduction in the dairy cow—a review. Theriogenol, 60 (6): 1139-1151.

DEBNATH T, BERA S, DEB S, et al, 2017. Application of radio frequency based digital thermometer for real-time monitoring of dairy cattle rectal temperature. Vet World, 10 (9): 1052.

GODYŃ D, HERBUT P, and ANGRECKA S, 2019. Measurements of peripheral and deep body temperature in cattle-A review. J Therm Biol, 79: 42-49.

HALACHMI I, MEIR Y B, MIRON J, et al, 2016. Feeding behavior improves prediction of dairy cow voluntary feed intake but cannot serve as the sole indicator. Animal, 10 (9): 1501-1506.

HOFFMANN G, SCHMIDT M, and AMMON C, 2016. First investigations to refine video-based IR thermography as a non-invasive tool to monitor the body temperature of calves. Animal, 10 (9): 1542-1546.

JARA I, KEIM J, and ARIAS R, 2016. Behaviour, tympanic temperature and performance of dairy cows during summer season in southern Chile. Austral J Vet Sci, 48 (1): 113-118.

JI B, BANHAZI T, PERANO K, et al, 2020. A review of measuring, assessing and mitigating heat stress in dairy cattle. Biosyst Eng, 199: 4-26.

JORQUERA-CHAVEZ M, FUENTES S, DUNSHEA F R, et al, 2019. Modelling and validation of computer vision techniques to assess heart rate, eye temperature, ear-base temperature and respiration rate in cattle. Animals.

KIM S, and HIDAKA Y, 2021. Breathing pattern analysis in cattle using infrared thermography and computer vision. Animals.

LASSEN J, THOMASEN J R, HANSEN R H, et al, 2018. Individual

measure of feed intake on in-house commercial dairy cattle using 3D camera system. in Proc. Proceedings of the World Congress on Genetics Applied to Livestock Production, v. Technologies - Novel Phenotypes. Massey University Auckland, NZ.

LEES A M, LEES J C, LISLE A T, et al, 2018. Effect of heat stress on rumen temperature of three breeds of cattle. Int J Biometeorol, 62 (2): 207-215.

LEVIT H, PINTO S, AMON T, et al, 2021. Dynamic cooling strategy based on individual animal response mitigated heat stress in dairy cows. Animal, 15 (2): 100093.

LOVARELLI D, BACENETTI J, and GUARINO M, 2020. A review on dairy cattle farming: Is precision livestock farming the compromise for an environmental, economic and social sustainable production? J Clean Prod, 262: 121409.

LOWE G, SUTHERLAND M, WAAS J, et al, 2019. Infrared thermography—a non-invasive method of measuring respiration rate in calves. Animals.

McCORKELL R, WYNNE - EDWARDS K, WINDEYER C, et al, 2014. Limited efficacy of Fever Tag® temperature sensing ear tags in calves with naturally occurring bovine respiratory disease or induced bovine viral diarrhea virus infection. Can Vet J, 55 (7): 688.

MILAN H F M, MAIA A S C, and GEBREMEDHIN KG, 2016. Technical note: Device for measuring respiration rate of cattle under field conditions. J Anim Sci, 94 (12): 5434-5438.

NELSON C, and JANNI K, 2016. Modeling dairy cow thermoregulation during warm and hot environmental conditions 1: Model development. Page 1 in Proc. 2016 ASABE Annual International Meeting. ASABE.

NRC. 1971. A guide to environmental research on animals. Washington, D C: National Academy of Sciences: 374.

PRENDIVILLE D J, LOWE J, EARLEY B, et al, 2002. Radiotelemetry systems for measuring body temperature. Teagasc.

REN G, LIN T, YING Y, et al, 2020. Agricultural robotics research applicable to poultry production: A review. Comp Electron Agric, 169: 105216.

RICHESON J, POWELL J, KEGLEY E, et al, 2011. Evaluation of an ear-mounted tympanic thermometer device for bovine respiratory disease diagnosis. Arkansas Animal Science Department, Fayetteville, AR: 40-42.

RODENBURG J, 2012. The impact of robotic milking on milk quality, cow comfort and labor issues. Natl Mastitis Counc Annu Meet Proc. St. Pete Beach, FL: 126-137.

ROMANOVSKY A A, 2014. Skin temperature: its role in thermoregulation. Acta Physiologica, 210 (3): 498-507.

SAAR M, EDAN Y, GOOD A, et al, 2022. A machine vision system to predict individual cow feed intake of different feeds in a cowshed. Animal, 16 (1): 100432.

SETSER M W, CANTOR M, and COSTA J, 2020. A comprehensive evaluation of microchips to measure temperature in dairy calves. J Dairy Sci, 103 (10): 9290-9300.

STRUTZKE S, FISKE D, HOFFMANN G, et al, 2019. Technical note: Development of a noninvasive respiration rate sensor for cattle. J Dairy Sci, 102 (1): 690-695.

WANG J, ZHANG Y, WANG J, et al, 2022. Using machine-learning technique for estrus onset detection in dairy cows from acceleration and location data acquired by a neck-tag. Biosyst Eng, 214: 193-206.

WU D, HAN M, SONG H, et al, 2023. Monitoring the respiratory behavior of multiple cows based on computer vision and deep learning. J Dairy Sci.

WU D, YIN X, JIANG B, et al, 2020. Detection of the respiratory rate of standing cows by combining the Deeplab V3+ semantic segmentation model with the phase-based video magnification algorithm. Biosyst Eng, 192: 72-89.

ZHOU M, AARNINK A J A, HUYNH T T T, et al, 2022. Effects of increasing air temperature on physiological and productive responses of dairy cows at different relative humidity and air velocity levels. J Dairy Sci, 105 (2): 1701-1716.

第9章

奶牛热应激调控机理科普：转录和翻译组学应答

9.1 引言

热应激可以定义为动物无法充分消散过量的内源性或外源性热量以维持身体热平衡的情况（Bernabucci 等，2014）。热应激对全球畜牧业生产的经济影响超过 12 亿美元（Baumgard 和 Rhoads，2013）。仅在美国，热应激每年就给乳制品行业造成约 10 亿美元的成本支出（Stirm 和 St-Pierre，2003）。因此，选择对热应激相对耐受的动物可能有助于提高它们在炎热夏季的表现，识别对热应激有特异性反应的基因是获得相关信息的基础。由于传统的育种计划通常将某些生产性状的减少作为高温条件下耐热性的关键指标，以识别对热应激具有抵抗力的动物，因此在收集个体热应激条件的准确记录方面存在局限性（Kadzere 等，2002；West，2003a）。

热应激反应是一个复杂的分子过程，应激相关基因可以参与转录、转录后和翻译水平的调控。基因表达的变化与急性环境变化引起的组织器官变化有关，功能基因组学分析有助于揭示基因表达与各种组织器官表型变化之间的关系。微小 RNA（microRNA，miRNA）被认为是转录后水平上基因表达的重要调节因子，并已被证明参与多种生物过程，如分化（Li 等，2019）、发育（Arnold 等，2019）、凋亡（Shang 等，2018）和病毒感染（Chen 等，2018）。RNA-Seq 可以全面分析基因表达对环境变化的反应（Li 等，2018b）。此外，表观遗传学修饰的变化在动物在热应激下的反应和适应中也起着重要作用。

在夏季,热应激会造成营养、生理和生殖损伤,从而损害奶牛和肉牛的生育能力(Sakumoto 等,2015),这意味着热应激是一个关键的环境因素,会对奶牛的生产和生殖性能产生负面影响(Aguilar 等,2010;Nardone 等,2010;Biffani 等,2016)。热应激严重影响奶牛的生长发育(Flamenbaum 和 Galon,2010),导致牛的代谢紊乱和产奶量减少(Shwartz 等,2009;Tao 等,2012),降低奶牛免疫力,增加对乳腺炎的易感性,子宫内膜炎,严重时甚至死亡(Ravagnolo 和 Misztal,2002;Carroll 和 Forsberg,2007;Biffani 等,2016)。此外,夏季泌乳奶牛繁殖性能的下降也与温度调节能力的下降有关(Ravagnolo 和 Misztal,2002;Carroll 和 Forsberg,2007;Biffani 等,2016)。一些生理特征与动物应对热应激的能力有关。例如,当动物暴露在温暖的环境中时,直肠温度和呼吸速率会增加(Dikmen 等,2008;Perano 等,2015;Garner 等,2016)。这些特征表现出遗传成分,例如,已经报道了直肠温度的中等遗传力以及与SNP 和候选基因的相关性(Dikmen 等,2013,2015)。

高通量实验可以揭示基因、蛋白质和表型变化之间的关联,这些关联对研究人员来说并不明显(Paley 和 Karp,2019)。转录和翻译组学研究可以提供热应激诱导的整体基因图谱,从而有可能系统地了解奶牛生理变化的机制。

9.2 乳腺/乳腺上皮细胞

对牛必须适应的土壤气候特征的乳制品生产和品种选择决定着经济利益,因此调节这种适应的基因表达的分子机制一直是最近研究的目的(Richter 等,2015;Kumar 等,2015)。

9.2.1 乳腺/乳腺上皮细胞在转录水平上的应答

一些研究集中在不同品种的奶牛对热应激的反应上。通过 cDNA 微阵列和实时(RT)PCR 转录组技术,鉴定了在热带条件下生产的巴西荷斯坦牛与在温带地区生产的葡萄牙荷斯坦牛中表达的乳腺基因(Wetzel-Gastal 等,2018)。在该研究中,来自同一泌乳期和管理系统的 12 头荷斯坦奶牛被分为两组:原产于巴西的荷斯坦巴西奶牛和原产于葡萄牙的荷斯坦葡萄牙奶牛。共有 65 个转录物被鉴定为在乳腺中差异表达,与乳腺发育和热应激反应相关的基因在巴西奶牛中表现出更高的表达。在葡萄牙奶牛组中，观察到与细胞凋亡和血管相关的上调基因以及与抵抗热应激相关的下调基因。此外，巴西奶牛的血液中生长激素水平高于葡萄牙奶牛。两组的泌乳素和T3的血液水平相似，巴西奶牛组的GH水平升高。在巴西奶牛组中观察到的T3血药浓度结果呈现出高标准偏差。这种变异性表明了这一组动物在体温调节方面作出的努力，从而适应了环境。Nascimento等（2013）对热带环境中荷斯坦牛的研究显示，T3仅在12月下降，TCI>72，随后几个月这种激素恢复正常值，即便TCI在3月之前一直保持在72以上。该研究观察到，在自然条件下，热应激的持续时间增强了动物适应这些环境的能力。研究结果表明，巴西荷斯坦牛在长期适应热带热应激条件方面发生了基因变化。

干乳期的热应激会损害乳腺发育，减少未来的产奶量，并损害奶牛的免疫状态。有研究对干乳期热应激奶牛采取制冷措施对乳腺和外周血单核细胞（Peripheral blood mononuclear cell，PBMC）基因表达的影响进行了评估（Tao等，2013）。在这项研究中，奶牛在预期产仔前46d被断乳，并被分配到两个处理：热应激组（HS，Heat stress）或冷却组（CL，用洒水器和风扇冷却）。在相同的时间间隔（HS，$n=7$；CL，$n=6$）进行哺乳动物活检以提取RNA。在乳腺组织中评估了参与催乳素（PRL）信号传导的基因 [包括PRL受体长型、PRL受体短型、细胞因子信号抑制因子（SOCS）2、SOCS3、IGF2、IGF结合蛋白5和细胞周期蛋白D1]、脂肪酸代谢 [乙酰辅酶A羧化酶α（ACACA）和脂蛋白脂酶（LPL）] 和IGF1。在乳腺中没有观察到PRL信号传导或脂肪酸代谢基因表达差异。有趣的是，在乳腺中检测的大多数基因中没有观察到处理或处理×时间效应。根据这些数据，似乎通过冷却HT断乳奶牛（Tao等，2011）在单个乳腺上皮细胞水平上与PRL信号传导无关。热应激与干乳期奶牛血液PRL浓度增加有关（do Amaral等，2010；Tao等，2011），在暴露于不同光周期的奶牛的乳腺中，循环PRL和PRLR基因表达之间的反比关系（Dahl等，2012）使研究人员提出假设，增强的PRL信号传导介导了在干乳期观察到的响应CL的乳腺生长上调（Tao等，2011）。此外，与HS奶牛相比，CL奶牛血液中硫酸雌酮浓度增加，孕酮浓度降低（Collier等，1982），增强了乳腺中的PRL信号传导（Tucker，2000）。

热应激会损害啮齿类动物、肉鸡和牲畜的细胞功能和细胞生长

（Bernabucci 等，2010；Belhadj Slimen 等，2016；Morales 等，2016）。高孵育温度导致体外牛乳腺细胞中参与氨基酸（AA）利用和蛋白质转录的基因下调（Morales 等，2016）。必需 AA 和胰岛素通过控制哺乳动物西罗莫司靶点（mTOR）信号通路的活性来调节蛋白质的翻译，这是体外牛乳腺上皮细胞中的关键调节机制（Li 等，2015a）。mTOR 信号通路中蛋白质因子的磷酸化激活或抑制蛋白质翻译和 AA 的利用（Hay 和 Sonenberg，2004；Wang 和 Proud，2006）。检测了培养温度对牛乳腺细胞系（MAC-T）中 mTOR 信号通路和 AA 转运蛋白转录的影响，以及培养温度和胰岛素对该细胞系中 mTOR 信息通路的联合影响（Kaufman 等，2018）。在该研究中，将细胞置于37℃（对照）或41.5℃（高孵育温度；HS）下12h，并作为2×2的因子设计，包括2个细胞培养温度（对照和HS）和不存在或存在 1.0μg/mL 胰岛素。结果表明，HT 导致 SLC1A1 和 SLC3A2 的表达增加≥2倍。高孵育温度降低了 Akt1 和 rpS6 的磷酸化占总比率，并增加了 eEF2 的磷酸化占总比率。没有温度通过与胰岛素相互作用对感兴趣的蛋白质因子的磷酸化状态产生影响。高孵育温度降低了 Akt1 的磷酸化与总比率。胰岛素的添加增加了 Akt1、S6K1 和 rpS6 的磷酸化与总比率。可见，HT 降低了 mTOR 信号通路的活性，并增加了 AA 转运蛋白的表达。高孵育温度可能通过降低 mTOR 信号通路活性来减少蛋白质翻译，以努力适应热应激。这些结果可能有助于解释高温对热应激动物 AA 代谢和蛋白质翻译的直接影响。

9.2.2 乳腺/乳腺上皮细胞转录后水平的应答

功能基因组学在基因表达和表型之间建立了可验证的联系。被称为微小 RNA（miRNA）的内源性非编码小 RNA 越来越被认为是转录后水平基因表达的重要调节剂，并已被证明参与多种生物过程（Li 等，2018b）。一些 miRNA 已被证明通过下调编码调节蛋白和功能蛋白的各自靶基因参与植物应激反应（Ding 等，2013）。miRNA 的差异表达也与牛的热应激有关。miR-181a 的下调可以减少荷斯坦奶牛 PBMC 的热应激损伤（Chen 等，2016）。已有多项研究明确了感染葡萄球菌的牛乳腺组织中的 miRNA 谱（Li 等，2015b；Pu 等，2017）和热应激牛血清或 PBMC 细胞中的 miRNA 谱（Zheng 等，2014a；Sengar 等，2018a；Sengar 等，2018c）；然而，miRNA 在牛乳腺对热应激反应中的作用尚不清楚。使用深度 RNA 测序分析来鉴定与牛乳腺热应激应答潜能相关的 miRNA，其中 27 个 miRNA 在荷斯坦牛热应激和正常条件下的乳腺组织中差异表达（Li 等，2018b）。20 种 miRNA 在热应激荷斯坦牛的乳腺组织中具有较高的表达。通过深度 RNA 测序鉴定的 7 种差异表达最高的候选 miRNAs（bta-miR-21-5p、bta-miR-99a-5p、bta-miR-146b、bta-micro-145、bta-miR-2285t、bta-miR-133a 和 bta-miR-29c），还通过颈环 qPCR 进行了评估。靶向基因的富集分析显示，miRNA 在热应激乳腺中的表达与对照相比的主要差异与 Wnt、TGF-β、MAPK、Notch 和 JAK-STAT 的调节有关。这些数据表明，鉴定的差异表达的 miRNA 可能在热应激过程中起主导调节作用。

奶牛对环境压力的反应机制非常复杂。先前对哺乳动物热应激分子机制的研究主要集中在蛋白质编码基因和小型非编码 RNA 的作用上。最近，研究表明从哺乳动物基因组转录的大量长非编码 RNA（lncRNA）在转录调控中发挥着广泛的作用。lncRNA 通常被定义为长度超过 200 个核苷酸的转录物，以将其与微小 RNA（miRNA）、小干扰 RNA（siRNA）和小核仁 RNA（snoRNA）等小 ncRNA 区分开来，但在定义 lncRNA 时，大小应被视为相当主观的限制。lncRNA 被认为是哺乳动物转录组中最大的转录物类（Derrien 等，2012）。lncRNA 现已被证明在多种过程中发挥重要的调节作用，包括基因调节、信号转导、发育、热应激和基因组重组（Mattick，2011a，b）。Li 等（2018a）采用深度 RNA 测序来检测热应激和非热应激的中国荷斯坦牛的 lncRNA 表达谱。该研究在牛乳腺中发现 24795 个新的和 3763 个已知的 lncRNA，其中 174 个在热应激条件下差异表达，其中 156 个 lncRNA 上调，18 个下调。通过 Cis 作用分析，16474 个 lncRNA 在蛋白质编码邻居附近转录。此外，在 miRNA 的前体分析中，分别注释了 11 个和 2024 个携带已知和预测 miRNA 前体的 lncRNA。这些发现代表了首次对热应激中国荷斯坦牛 lncRNA 表达的系统研究，并为进一步研究 lncRNA 在奶牛应答热应激作用的分子机制提供了资源。

9.2.3 乳腺/乳腺上皮细胞在翻译水平上的应答

已知热应激会对奶牛的产奶量和成分产生负面影响，导致不可估量的经济损失。一些报告显示，在 HS 期间荷斯坦产奶量下降，饲料摄入和管理因素在一定程度上解释了 HS 期间产奶量下降的原因（Rhoads 等，2009；Smith 等，2013）。多项研究还表明，荷斯坦母牛的围产期 HS 会在其一生中损害牛奶产量（Brown 等，2016）。乳腺的基本组成部分是腺泡；这些腺泡乳腺上皮细胞反映了奶牛的产奶能力（Janjanam 等，2014）。在热应激下，腺泡乳腺上皮细胞的热应激反应是 HS 急性全身反应的一个组成部分（Collier 等，2006）。

BMEC 对热应激的反应在调节乳腺功能方面发挥着至关重要的作用（Li 等，2015a）。随着蛋白质组学技术的发展，蛋白质组学提供了在蛋白质水平上全局分析细胞活性的工具。相对和绝对定量的等压标签与液相色谱—串联质谱相结合，用于揭示热应激诱导的牛乳腺上皮细胞蛋白质组变化，在热处理组中鉴定出 104 种差异升高的蛋白质和 167 种降低的蛋白质（Li 等，2017）。基因本体论分析发现，大多数差异表达的蛋白质与细胞—底物连接组装、分解代谢过程和代谢过程有关。其中一些被显著调节的蛋白质与牛奶的合成和分泌有关，如牛奶蛋白和脂肪。这一发现进一步得到了 β-酪蛋白通过纤溶酶原激活剂—纤溶酶原—纤溶酶系统表达减少和脂肪酸合成酶减少的结果的支持，这可以部分解释奶牛在热应激下乳脂合成能力下降的原因。这些结果突出了热应激对牛奶蛋白质和脂肪合成的影响，从而为进一步研究热应激对乳制品生产的影响提供了额外的线索。

9.3　肝脏

肝脏是协调奶牛产奶周期适应的主要代谢器官。尽管靶基因分析有一些证据表明，热应激会改变肝脏中代谢 mRNA 的表达，但尚不清楚其他信号通路是否以及在多大程度上受到影响。例如，众所周知，干乳期的能量营养平衡会影响肝脏转录组并改变组织功能（Loor 等，2013；Shahzad 等，2014）。由于热应激诱导的 DMI 明显降低，与春季（SP）相比，夏季（SU）产仔的奶牛可能会经历更显著的 DMI 降低，从而导致肝脏转录组的变化。

9.3.1　肝脏转录水平的应答

到哺乳期的成功过渡，不仅仅需要管理实践，更要考虑环境因素，如温度、分娩季节和光周期。因此，Shahzad 等（2015）分析了产仔季节对过渡期奶牛肝脏转录组的影响。根据产仔季节，共有 12 头荷斯坦奶牛被分为 2 组（6 头奶牛，春季 3—4 月；6 头奶牛，夏季 6—7 月）。与春季相比，SU 共检测到 4307 个差异表达基因。此外，在应用≥3 和≤-3 的折叠变化阈值后，与春季相比，在 SU 中检测到 73 个独特的差异表达基因。对于差异表达基因的途径分析，使用了动态影响方法。Ingenuity Pathway Analysis 软件用于分析上游转录调节因子并进行基因网络分析。在代谢途径中，来自脂质、碳水化合物和氨基酸的能量代谢受到 SU 产仔的强烈影响，脂肪酸合成、氧化、再酯化和脂蛋白合成水平降低，导致肝脂质沉积。SU 奶牛的甘氨酸合成被下调，这可能是抵消这种脂质沉积进展的一种机制。相反，SU 中的崩解导致糖异生的上调，但也更多地使用葡萄糖作为能量来源。在非代谢途径中，SU 奶牛的热应激反应明显被激活，但也与炎症和细胞内应激反应有关。此外，研究数据支持最近的一项发现，即奶牛在分娩时会经历内质网应激。转录调节因子分析揭示了代谢变化如何与重要的调节机制相关，包括表观遗传修饰。对夏季高温下产仔时肝脏转录组反应的整体分析强调了在这一时期应如何谨慎管理过渡期奶牛，因为它们在产后早期会经历肝脏能量代谢和炎症状态的改变，从而增加对健康障碍的易感性。

9.3.2 肝脏翻译水平的应答

肝脏是协调脂质、碳水化合物和蛋白质代谢中与过渡期相关适应的中心器官。首先，脂肪分解代谢过程中从脂肪库释放的循环非酯化脂肪酸（non-esterified fatty acids，NEFA）被吸收、氧化，并用于在肝脏中产生 ATP（Reynolds 等，2003）。此外，NEFA 可以在肝脏中部分氧化以产生酮体，并在外周组织中用作替代能源（Drackley 等，2005）。然而，过量的 NEFA 会导致甘油三酯的酯化和在肝脏中的储存，以及更多地转化为酮体，从而导致脂肪肝疾病和酮症（Drackley 等，2005；Schaff 等，2012）。其次，肝脏糖异生增强，来自脂肪分解代谢的甘油、丙酸盐和氨基酸转化为葡萄糖（Reynolds 等，2003）。最后，在较小程度上，氨基酸可以在肝脏内转化为丙酮酸或三羧酸循环中间体，并用于 ATP 合成（Schaff 等，2012）。

肝脏的代谢适应对成功过渡至关重要，但尚不清楚热应激如何在蛋白质组水平上影响肝脏内的代谢途径。Skibeel 等（2018）研究了在干旱期受到冷却或热应激的产后奶牛的肝脏蛋白质组，以深入了解蛋白质表达如何因先前的热应激而改变，并可能对性能和疾病结果产生影响。在干乳期，奶牛要么被安置在有风扇和水浸泡器的阴凉牛舍中（冷却组，CL），要么被安置到没有这些冷却设备的阴凉牛舍（热应激组，HS）。产后 2d 采集肝脏活检，通过无标记定量鸟枪蛋白质组学（纳米级液相色谱—串联质谱联用）分析蛋白质含量。在迄今为止完成的最全面的牛肝脏蛋白质组学分析中，鉴定出 3270 种蛋白质，其中 75 种在 HS 和 CL 奶牛之间差异表达。HS 和 CL 奶牛之间不同的主要途径是氧化磷酸化、线粒体功能障碍、法尼醇 X 受体/类视黄醇 X 受体（FXR/RXR）激活和甲基丙二酰途径。在干乳期给奶牛降温可能会提高 ATP 的产生，减少氧化应激，防止肝脏甘油三酯和胆固醇的过度积累，这可能有助于提高产奶量和降低对过渡期相关疾病的易感性。

9.4 血液

9.4.1 全血

Srikanth 等（2017）的研究调查了暴露在严重温度和湿度范围内的荷斯坦公牛幼崽对热应激作出反应的基因和途径。对 10 头 4~6 月龄奶牛在 37℃ 和 90% 湿度下进行 12h 的热应激。在热应激前后测量皮肤和直肠温度；虽然在热应激前没有发现它们之间的相关性，但在热应激后检测到中等相关性，证实直肠温度是监测热应激的更好晴雨表。RNAseq 分析确定 8 567 个基因受到差异调节，其中 465 个基因在热应激反应中显著上调（≥2 倍，$P<0.05$），49 个基因显著下调（≤2 倍，$P<0.01$）。对热应激反应丰富的重要途径包括伴侣、共同伴侣、细胞对热应激的反应、磷酸化、激酶激活、免疫反应、凋亡、Toll 样受体信号途径、Pi3K/AKT 激活、内质网蛋白质加工、干扰素信号、癌症途径、雌激素信号途径和 MAPK 信号通路。通过实时定量 PCR 分析验证了差异表达的基因，证实了表达的趋势。这项分析中确定的基因和途径扩展了我们对热应激的转录反应及其在使动物适应高温应激中可能发挥的作用的理解。

9.4.2 血清

热应激可以定义为动物无法充分散发身体热量以保持热平衡时发生的一种情况（Bernabucci 等，2014）。一些研究估计了热胁迫下产奶量和繁殖性状的遗传成分，并检测到温湿度指数（THI）与生产和繁殖性状之间存在不利的遗传关系（West，2003）。一些研究表明，奶牛的免疫系统受到热应激的影响（Salak-Johnson 和 McGlone，2007）。对荷斯坦奶牛 miRNA 表达谱的研究是有意义的，因为奶牛是最重要的奶生产动物。然而，与其他物种相比，从荷斯坦奶牛身上鉴定出的 miRNA 的完整基因组序列非常有限（Zheng 等，2014）。

Zheng 等（2014）通过 Solexa 深度测序方法和生物信息学研究了热应激和正常荷斯坦奶牛血清中差异表达 miRNA 谱和靶基因分析。该数据在 486 种已知 miRNA 中鉴定了 52 种差异表达的 miRNA，这些 miRNA 在热应激和正常荷斯坦奶牛之间发生了显著变化。靶基因分析显示，在已鉴定的 52 种差异表达的 miRNA 中，至少有 7 种 miRNA（miR-19a、miR-19b、miR-146a、miR-30a-5p、miR-345-3p、miR-199a-3p 和 miR-1246）参与应激反应、氧化应激、免疫系统发育和免疫反应。5 种 miRNA（miR-27b、miR-181a、miR-181b、miR-26a 和 miR-146b）参与应激和免疫反应，5 种 miRNAs 的表达显著（$P<0.001$）。此外，RT-qPCR 和深度测序方法显示，在 12 种选定的 miRNA（miR-19a、miR-19b、miR-27b、miR-30a-5p、miR-181a、miR-181b、miR-345-3p 和 miR-1246）中，有 8 种 miRNA 在热应激荷斯坦奶牛的血清中高表达。GO 和 KEGG 通路分析表明，这些差异表达的 miRNA 参与了一种可能差异调节应激反应和免疫反应基因表达的通路。这项研究概述了 miRNA 的表达谱以及 miRNA 与其靶基因之间的相互作用，这将有助于进一步了解 miRNA 在热应激荷斯坦奶牛中的重要作用。

9.4.3 外周血单核细胞

文献综述显示，很少有关于印度本地牛品种在热应激过程中 miRNA 差异表达的报道。Sengar 等（2018a）旨在鉴定印度 Sahiwal（Bos indicus）奶牛品种在长期适应热带气候的热应激过程中差异表达的 miRNA。通过测定各种生理和生化参数以及主要热激蛋白基因的差异表达谱来表征动物的应激反应。离子洪流深度测序和 CLC 基因组分析确定了一组在夏季和冬季差异表达的 miRNA。大多数已鉴定的差异表达 miRNA 被发现靶向热应激反应基因，尤其是热激蛋白（HSP）家族的成员。对所选 miRNA 的实时定量分析显示，与冬季相比，bta-mir-1248、bta-mir-

2332、bta-mir-2478 和 bta-mir-1839 在夏季显著（$P<0.01$）过度表达，而 bta-mir-16a、bta-let-7b、bta-mir-142 和 bta-mir-425 在夏季显著表达不足（$P<0.01$）。本研究收集了 Sahiwal（Bos indicus）在不同环境温度下差异表达的 miRNA，这对于进一步理解 miRNA 在体温调节机制中的作用可能很重要。

9.5 其他器官

　　夏季，热应激会对奶牛和肉牛的营养、生理和生殖造成损害，从而损害其生育能力。使用 15K 牛寡聚 DNA 微阵列测定了夏季和秋季奶牛子宫内膜状况的差异（Sakumoto 等，2015）。试验在日本盛冈连续两年（2013—2014）的夏季（9月初）和秋季（11月中旬）进行。使用活组织检查技术从奶牛身上采集子宫内膜样本。在夏季采集的子宫内膜中，268 个基因的表达显著高于秋季采集的，而 369 个基因的基因表达较低。通过实时定量 PCR 验证糖蛋白 2（GP2）、神经降压素（NTS）、E-钙黏蛋白（CDH1）和热激蛋白 1（HSPH1）（105kDa/110kDa）的 mRNA 表达。GP2 和 NTS 的转录物在夏季的子宫内膜中比秋季的子宫内膜更丰富。相反，从夏季开始，子宫内膜中 CDH1 的 mRNA 表达较低，HSPH1 的表达趋于较低。免疫组织化学染色显示 GP2、NTS 和 HSPH1 在子宫内膜上皮或腺上皮细胞中表达。夏季采集的牛血清 NTS 浓度高于秋季采集的牛（$P<0.05$）。总之，不同的基因表达谱可能导致夏季和秋季子宫内膜的功能差异，GP2 和 NTS 的增加可能与导致夏季奶牛不孕的子宫内膜缺乏有关。

　　夏季，热应激抑制卵巢卵泡发育，导致奶牛繁殖效率下降。卵泡发育是一个复杂的过程。在卵泡发育过程中，颗粒细胞（GC）复制、分泌激素，并支持卵母细胞的生长。为了获得热应激对 GC 影响的概述，采用数字基因表达谱来筛选和鉴定热应激期间培养的 GC 的差异表达基因［DEG；错误发现率（FDR）≤0.001，倍数变化≥2；Li 等，2016］。共鉴定出 1 211 个 DEG，其中 175 个上调，1 036 个下调，其中 DEG 可分为基因本体论（GO）和 KEGG 途径。研究结果表明，热应激会引发 GC 中基因表达的剧烈而复杂的改变。我们假设热应激可诱导 GC 细胞凋亡和功能障碍。实时逆转录聚合酶链式反应（RT-PCR）用于评估类固醇生成基因［类固醇生成急性调节蛋白（Star）、细胞色素 P-450（CYP11A1）、CYP19A1 和类固醇生成因子 1（SF-1）］和细胞凋亡相关基因（胱天蛋白酶-3、BCL-2 和 BAX）的表达。采用放射免疫分析法（RIA）检测 17β-雌二醇（E_2）和孕酮（P4）水平，流式细胞术检测 GC 细胞凋亡。这些数据表明，热应激通过 BAX/BCL-2 途径诱导 GC 凋亡，并减少类固醇生成基因信使 RNA（mRNA）的表达和 E_2 的合成。这些结果表明，GC 功能的降低可能会导致卵巢功能障碍，并使人们更好地了解夏季牛低生育能力的分子机制。

9.6 小结

总之，奶牛对热应激的反应具有组织特异性和时期特异性。多组学的研究有助于系统地揭示机体在应对热应激时的生产性能和繁殖能力受损的机制。尽管已经进行了大量的研究，但信息是如何在组织之间传递的仍然是未知的，这需要更多的工作来揭示。

参考文献

AGUILAR I, MISZTAL I, and TSURUTA S, 2010. Short communication: genetic trends of milk yield under heat stress for US Holsteins. J Dairy Sci, 93（4）：1754-1758.

ARNOLD J, ENGELMANN J C, SCHNEIDER N, et al, 2019. miR-488-5p and its role in melanoma. Exp Mol Pathol：104348.

BAUMGARD L H, and RHOADS R P, 2013. Effects of heat stress on postabsorptive metabolism and energetics. Annu Rev Anim Biosci, 1：311-337.

BELHADJ SLIMEN I, NAJAR T, GHRAM A, et al, 2016. Heat stress effects on livestock: molecular, cellular and metabolic aspects, a review. J Anim Physiol Anim Nutr（Berl）, 100（3）：401-412.

BERNABUCCI U, BIFFANI S, BUGGIOTTI L, et al, 2014. The effects of heat stress in Italian Holstein dairy cattle. J Dairy Sci, 97（1）：471-486.

BERNABUCCI U, LACETERA N, BAUMGARD L H, et al, 2010. Metabolic and hormonal acclimation to heat stress in domesticated ruminants. Animal, 4 (7): 1167-1183.

BIFFANI S, BERNABUCCI U, VITALI A, et al, 2016. Short communication: Effect of heat stress on nonreturn rate of Italian Holstein cows. J Dairy Sci, 99 (7): 5837-5843.

BROWN B M, STALLINGS J W, CLAY J S, et al, 2016. Periconceptional heat stress of holstein dams is associated with differences in daughter milk production during their first lactation. PLoS One, 11 (2): e0148234.

CARROLL J A, and FORSBERG N E, 2007. Influence of stress and nutrition on cattle immunity. Vet Clin N Am-Food A, 23 (1): 105-149.

CHEN K L, FU Y Y, SHI M Y, et al, 2016. Down-regulation of miR-181a can reduce heat stress damage in PBMCs of Holstein cows. In Vitro Cell Dev-An, 52 (8): 864-871.

CHEN L, ZHOU Y, and LI H, 2018. LncRNA, miRNA and lncRNA-miRNA interaction in viral infection. Virus Res, 257: 25-32.

COLLIER R J, DOELGER S G, HEAD H H, et al, 1982. Effects of heat stress during pregnancy on maternal hormone concentrations, calf birth weight and postpartum milk yield of Holstein cows. J Anim Sci, 54 (2): 309-319.

COLLIER R J, STIENING C M, POLLARD B C, et al, 2006. Use of gene expression microarrays for evaluating environmental stress tolerance at the cellular level in cattle. J Anim Sci, 84 Suppl: E1-13.

DAHL G E, TAO T, and THOMPSON I M, 2012. Lactation Biology Symposium: effects of photoperiod on mammary gland development and lactation. J Anim Sci, 90 (3): 755-760.

DERRIEN T, JOHNSON R, BUSSOTTI G, et al, 2012. The GENCODE v7 catalog of human long noncoding RNAs: analysis of their gene structure, evolution, and expression. Genome Res, 22 (9): 1775-1789.

DIKMEN S, ALAVA E, PONTESE, et al, 2008. Differences in thermoregulatory ability between slick-haired and wild-type lactating Holstein cows in response to acute heat stress. J Dairy Sci, 91 (9): 3395-3402.

DIKMEN S, COLE J B, NULL D J, et al, 2013. Genome-wide association mapping for identification of quantitative trait loci for rectal temperature during heat stress in Holstein cattle. PLoS One, 8 (7).

DIKMEN S, WANG X Z, ORTEGA M S, et al, 2015. Single nucleotide polymorphisms associated with thermoregulation in lactating dairy cows exposed to heat stress. J Anim Breed Genet, 132 (6): 409-419.

DING Y, TAO Y, and ZHU C, 2013. Emerging roles of microRNAs in the mediation of drought stress response in plants. J Exp Bot, 64 (11): 3077-3086.

DO AMARAL B C, CONNOR E E, TAO S, et al, 2010. Heat stress abatement during the dry period influences prolactin signaling in lymphocytes. Domest Anim Endocrinol, 38 (1): 38-45.

DRACKLEY J K, DANN H M, DOUGLAS G N, et al, 2005. Physiological and Pathological adaptations in dairy cows that may increase susceptibility to periparturient diseases and disorders. Ital J Anim Sci, 4 (4): 323-344.

FLAMENBAUM I, and GALON N, 2010. Management of heat stress to improve fertility in dairy cows in israel. J Reprod Develop, 56: S36-S41.

GARNER J B, DOUGLAS M L, WILLIAMS S R O, et al, 2016. Genomic selection improves heat tolerance in dairy cattle. Sci Rep-Uk, 6.

HAY N, and SONENBERG N, 2004. Upstream and downstream of mTOR. Genes Dev, 18 (16): 1926-1945.

JANJANAM J, SINGH S, JENA M K, et al, 2014. Comparative 2D-DIGE proteomic analysis of bovine mammary epithelial cells during lactation reveals protein signatures for lactation persistency and milk yield. PLoS One, 9 (8): e102515.

KADZERE C T, MURPHY M R, SILANIKOVE N, et al, 2002. Heat stress in lactating dairy cows: a review. Livest Prod Sci, 77 (1): 59-91.

KAUFMAN J D, KASSUBE K R, ALMEIDA R A, et al, 2018. Short communication: High incubation temperature in bovine mammary epithelial cells reduced the activity of the mTOR signaling Pathway. J Dairy Sci, 101 (8): 7480-7486.

KUMAR R, GUPTA I D, VERMA A, et al, 2015. Molecular characterization and polymorphism detection in HSPB6 gene in Sahiwal cattle. Indian J Anim Res, 49 (5): 595-598.

LI L, SUN Y, WU J, et al, 2015a. The global effect of heat on gene expression in cultured bovine mammary epithelial cells. Cell Stress Chaperones, 20 (2): 381-389.

LI L, WANG Y, LI C, et al, 2017. Proteomic analysis to unravel the effect of heat stress on gene expression and milk synthesis in bovine mammary epithelial cells. Anim Sci J, 88 (12): 2090-2099.

LI L, WU J, LUO M, et al, 2016. The effect of heat stress on gene expression, synthesis of steroids, and apoptosis in bovine granulosa cells. Cell Stress Chaperones, 21 (3): 467-475.

LI Q, QIAO J, ZHANG Z, et al, 2018a. Identification and analysis of differentially expressed long non-coding RNAs of Chinese Holstein cattle responses to heat stress. Anim Biotechnol: 1-8.

LI Q L, YANG C H, DU J, et al, 2018b. Characterization of miRNA profiles in the mammary tissue of dairy cattle in response to heat stress. Bmc Genomics, 19.

LI R, ZHANG C L, LIAOX X, et al, 2015b. Transcriptome MicroRNA profiling of bovine mammary glands infected with Staphylococcus aureus. Int J Mol Sci, 16 (3): 4997-5013.

LI X, ZHAO Y, LI X, et al, 2019. MicroRNA-150 modulates adipogenic differentiation of adipose-derived stem cells by targeting notch3. Stem Cells Int, 2019: 2743047.

LOOR J J, BIONAZ M, and DRACKLEY J K, 2013. Systems physiology in dairy cattle: nutritional genomics and beyond. Annu Rev Anim Biosci, 1: 365-392.

MATTICK J S, 2011a. The central role of RNA in human development and cognition. FEBS Lett, 585 (11): 1600-1616.

MATTICK J S, 2011b. Long noncoding RNAs in cell and developmental biology. Semin Cell Dev Biol, 22 (4): 327.

MORALES A, COTA S E, IBARRA N O, et al, 2016. Effect of heat stress on the serum concentrations of free amino acids and some of their metabolites in growing pigs. J Anim Sci, 94 (7): 2835-2842.

NARDONE A, RONCHI B, LACETERA N, et al, 2010. Effects of climate changes on animal production and sustainability of livestock systems. Livest Sci, 130 (1-3): 57-69.

NASCIMENTO M R B D, STORTI A A, GUIMARAES E C, et al, 2013. Thyroid Hormone Profile of Holstein and Guzerat Dairy Cattle in a Tropical Environment. Biosci J, 29 (1): 179-184.

PALEY S, and KARP P D, 2019. The MultiOmics Explainer: explaining omics results in the context of aPathway/genome database. Bmc Bioinformatics, 20.

PERANO K M, USACK J G, ANGENENT L T, et al, 2015. Production and physiological responses of heat-stressed lactating dairy cattle to conductive cooling. J Dairy Sci, 98 (8): 5252-5261.

PU J H, LI R, ZHANG C L, et al, 2017. Expression profiles of miRNAs from bovine mammary glands in response to Streptococcus agalactiae-induced mastitis. J Dairy Res, 84 (3): 300-308.

RAVAGNOLO O, and MISZTAL I, 2002. Effect of heat stress on nonreturn rate in Holstein cows: Genetic analyses. J Dairy Sci, 85 (11): 3092-3100.

REYNOLDS C K, AIKMAN P C, LUPOLI B, 2003. Splanchnic metabolism of dairy cows during the transition from late gestation through early lactation. J Dairy Sci, 86 (4): 1201-1217.

RHOADS M L, RHOADS R P, VANBAALE M J, et al, 2009. Effects of heat stress and plane of nutrition on lactating Holstein cows: I. Production, metabolism, and aspects of circulating somatotropin. J Dairy Sci, 92 (5): 1986-1997.

RICHTER C, VIERGUTZ T, SCHWERIN M, et al, 2015. Prostaglandin

E synthase interacts with inducible heat shock protein 70 after heat stress in bovine primary dermal fibroblast cells. Cytometry A, 87 (1): 61-67.

SAKUMOTO R, HAYASHI K G, SAITO S, et al, 2015. Comparison of the global gene expression profiles in the bovine endometrium between summer and autumn. J Reprod Develop, 61 (4): 297-303.

SALAK-JOHNSON J L, and MCGLONE J J, 2007. Making sense of apparently conflicting data: stress and immunity in swine and cattle. J Anim Sci, 85 (13 Suppl): E81-88.

SCHAFF C, BORNER S, HACKE S, et al, 2012. Increased anaplerosis, TCA cycling, and oxidative phosphorylation in the liver of dairy cows with intensive body fat mobilization during early lactation. J Proteome Res, 11 (11): 5503-5514.

SENGAR G S, DEB R, SINGH U, et al, 2018a. Identification of differentially expressed microRNAs in Sahiwal (Bos indicus) breed of cattle during thermal stress. Cell Stress Chaperon, 23 (5): 1019-1032.

SENGAR G S, DEB R, SINGH U, et al, 2018b. Differential expression of microRNAs associated with thermal stress in Frieswal (Bos taurus × Bos indicus) crossbred dairy cattle. Cell Stress Chaperon, 23 (1): 155-170.

SHAHZAD K, AKBAR H, VAILATI-RIBONI M, et al, 2015. The effect of calving in the summer on the hepatic transcriptome of Holstein cows during the peripartal period. J Dairy Sci, 98 (8): 5401-5413.

SHAHZAD K, BIONAZ M, TREVISI E, et al, 2014. Integrative analyses of hepatic differentially expressed genes and blood biomarkers during the peripartal period between dairy cows overfed or restricted-fed energy prepartum. PLoS One, 9 (6): e99757.

SHANG J, CHEN Z Z, WANG Z H, et al, 2018. Association of miRNA-196b-5p and miRNA-99a-5p with autophagy and apoptosis in multiple myeloma cells. Chin J Hematol, 39 (9): 766-772.

SHWARTZ G, RHOADS M L, VANBAALE M J, et al, 2009. Effects of a supplemental yeast culture on heat-stressed lactating Holstein cows. J

Dairy Sci, 92 (3): 935-942.

SKIBIEL A L, ZACHUT M, DO AMARAL B C, et al, 2018. Liver proteomic analysis of postpartum Holstein cows exposed to heat stress or cooling conditions during the dry period. J Dairy Sci, 101 (1): 705-716.

SMITH D L, SMITH T, RUDE B J, et al, 2013. Short communication: comparison of the effects of heat stress on milk and component yields and somatic cell score in Holstein and Jersey cows. J Dairy Sci, 96 (5): 3028-3033.

SRIKANTH K, KWON A, LEE E, et al, 2017. Characterization of genes and Pathways that respond to heat stress in Holstein calves through transcriptome analysis. Cell Stress Chaperon, 22 (1): 29-42.

STIRM J E W, and ST-PIERRE N R, 2003. Identification and characterization of location decision factors for relocating dairy farms. J Dairy Sci, 86 (11): 3473-3487.

TAO S, BUBOLZ J W, DO AMARAL BC, et al, 2011. Effect of heat stress during the dry period on mammary gland development. J Dairy Sci, 94 (12): 5976-5986.

TAO S, CONNOR E E, BUBOLZ J W, et al, 2013. Short communication: Effect of heat stress during the dry period on gene expression in mammary tissue and peripheral blood mononuclear cells. J Dairy Sci, 96 (1): 378-383.

TAO S, MONTEIRO A P A, THOMPSON I M, et al, 2012. Effect of late-gestation maternal heat stress on growth and immune function of dairy calves. J Dairy Sci, 95 (12): 7128-7136.

TUCKER H A, 2000. Hormones, mammary growth, and lactation: a 41-year perspective. J Dairy Sci, 83 (4): 874-884.

WANG X, and PROUD C G, 2006. The mTOR pathway in the control of protein synthesis. Physiology (Bethesda), 21: 362-369.

WEST J W, 2003. Effects of heat-stress on production in dairy cattle. J Dairy Sci, 86 (6): 2131-2144.

WETZEL-GASTAL D, FEITOR F, VAN HARTEN S, et al, 2018. A

genomic study on mammary gland acclimatization to tropical environment in the Holstein cattle. Trop Anim Health Prod, 50 (1): 187-195.

ZHENG Y, CHEN K L, ZHENG X M, et al, 2014. Identification and bioinformatics analysis of microRNAs associated with stress and immune response in serum of heat-stressed and normal Holstein cows. Cell Stress Chaperon, 19 (6): 973-981.